COMPTE-RENDU DES TRAVAUX

DU

CONGRÈS HIPPIQUE

SOCIÉTÉ NATIONALE D'ENCOURAGEMENT A L'AGRICULTURE

COMPTE-RENDU DES TRAVAUX

DU

CONGRÈS HIPPIQUE

Tenu à Paris les 15 et 16 Juin 1906

PUBLIÉ AU NOM DU BUREAU

Par J.-M. DE LAGORSSE

Secrétaire général du Congrès
Membre du Conseil supérieur de l'Agriculture
Secrétaire général de la Société nationale d'encouragement à l'Agriculture

PRIX : **3** francs

PARIS
IMPRIMERIE PAIRAULT & Cie
3, Passage Nollet, 3

1906

AVANT-PROPOS

Le Congrès hippique, qui a tenu sa première session
l'an dernier, avait constitué une Commission permanente chargée tout à la fois de recueillir ses vœux, de
leur donner la suite qu'ils comportaient et de préparer
un second Congrès.

Les efforts accomplis depuis cette date et les résultats
obtenus ont démontré combien était juste et pratique la
pensée qui avait déterminé le Congrès à ne pas se
contenter d'une manifestation éphémère et à donner à
l'ensemble de l'Élevage français, pris dans toutes ses
variétés, un organisme normal et définitif.

Cette pensée a reçu une consécration éclatante par
l'empressement avec lequel a été accueillie la convocation du second Congrès.

Aux membres anciens, sont venus s'adjoindre plus de
200 membres nouveaux, appartenant tous à l'élevage
des diverses catégories de chevaux français.

Aussi bien que le Congrès, le Concours central
hippique, par l'éclat de son exposition, par la faveur
croissante qu'il rencontre dans le public, et qui ira gran-
dissant pour le plus grand bénéfice de notre élevage, a
justifié l'initiative féconde prise par la Société nationale
d'encouragement à l'Agriculture et si généreusement

adoptée par M. Ruau, ministre de l'Agriculture, et par le Parlement.

On peut dire que, désormais, ces deux institutions, qui se soutiennent mutuellement, ont pris leur place dans les grandes manifestations officielles de la production nationale.

Le compte rendu du second Congrès, que l'on va lire, en donnant la mesure de l'importance des communications qu'il a provoquées, apparaîtra certainement comme le gage des travaux que les Congrès à venir ne manqueront pas de susciter de la part des théoriciens et des praticiens de l'élevage.

J.-M. DE LAGORSSE

Congrès Hippique de Paris

Liste des Membres du Congrès

(PAR LETTRE ALPHABÉTIQUE)

ABEILLE (Adolphe), propriétaire-éleveur, 27, rue du Faubourg-Saint-Honoré, Paris.

ABORD (Ch.), propriétaire-éleveur, château de Druy, par Saint-Léger-des-Vignes (Nièvre).

AKAR (Jéan), loueur de chevaux, 82, rue de la Jonquière, Paris.

ALEXANDRE (Louis), agriculteur-éleveur, à Saint-Léger-sous-Beuvray (Saône-et-Loire).

ANDIGNÉ (Comte F. d'), conseiller municipal de la Ville de Paris, 19, rue Pierre-Charron, Paris.

ANDRÉ (L.-N.), propriétaire-éleveur, 3, rue La Boëtie, Paris.

ANGELLIER (Baron), propriétaire-éleveur, La Bourdaisière, par Montlouis (Indre-et-Loire).

ANQUETIN (Albert), président de la Société d'Encouragement pour l'amélioration du cheval de trait dans l'arrondissement des Andelys, à Heudicourt, par Etrépagny (Eure).

ARENBERG (Prince Auguste d'), président de la Société d'Encouragement pour l'amélioration des races de chevaux en France, 20, rue de La Ville-l'Evêque, Paris, et château de Menetou-Salon (Cher).

ARENBERG (Prince Pierre d'), propriétaire-éleveur, mêmes adresses.

ARNAUD (J.), propriétaire-éleveur, le Champ-d'Alouettes, à Gouvieux (Oise).

AUBERGÉ (Marcel), propriétaire-éleveur, à Villarache, par Moissy-Cramayel (Seine-et-Marne).

AUBERGÉ (René), propriétaire-éleveur, à Moissy-Cramayel (Seine-et-Marne).

Audap (Alfred), directeur du Sporting-Français, 34, rue Chauveau, à Neuilly-sur-Seine (Seine).

Aumont (Alexandre), propriétaire-éleveur, 30, avenue d'Antin, Paris, et château de Victot, par Beuvron-en-Auge (Calvados).

Aunac (Louis), propriétaire-éleveur, château de Pélissier, par Agen (Lot-et-Garonne).

Autret (J.-L.), propriétaire-éleveur, à Plouénan, par Saint-Pol-de-Léon (Finistère).

Aveline (Charles), président de la Société hippique percheronne de France, La Touche, par Nogent-le-Rotrou (Eure-et-Loir).

Aveline (J.-L.), propriétaire-éleveur, La Ferme-Neuve, à Dorceau, par Rémalard (Orne).

Bachelet (Henri), agriculteur-éleveur, conseiller général, à Vaulx-Vraucourt (Pas-de-Calais).

Bajac (Paul), propriétaire-éleveur, conseiller général, maire d'Ibos (Hautes-Pyrénées), et 5, rue Nouvelle, Paris.

Ballière (Raoul), propriétaire-éleveur, à Hérouvillette, par Ranville (Calvados).

Baltazzi (Georges), directeur du journal *Le Jockey*, 12, place Vendôme, Paris.

Barbentane (Marquis de), président de l'Association des Sociétés de courses du Centre et du Sud-Est, 31, avenue Bosquet, Paris.

Bardin (Frédéric), président du Syndicat des éleveurs nivernais, à Chevenon (Nièvre).

Barès (Eugène), négociant-éleveur, 7, rue de la Préfecture, à Pau (Basses-Pyrénées).

Barrier (professeur G.), membre de l'Académie de Médecine, directeur de l'Ecole nationale vétérinaire d'Alfort (Seine).

Barthélemy (A.), mandataire aux Halles-Centrales, 33, rue du Pont-Neuf, Paris.

Basire (Elphège), sénateur de la Manche, vice-président du Syndicat des éleveurs de chevaux de demi-sang, 10, rue Croix-des-Petits-Champs, Paris, et à Dragey, par Genêts (Manche).

Basly (de), propriétaire-éleveur, à Cresserons, par La Délivrande (Calvados).

Bassigny (Abel), propriétaire-éleveur, à La Chapelle-en-Serval (Oise), et 43, rue Grange-aux-Belles, Paris.

Baubigny, propriétaire, 17, rue de Surène, Paris.

Baudet (Dr Charles), député, à Caulnes (Côtes-du-Nord), et 26, rue de Staël, Paris.

Bauguil (Th.), chef du service sanitaire vétérinaire et du service pastoral de l'Algérie, chargé de l'inspection des haras de l'Algérie, 67, rue Rovigo, à Alger.

Baume (Louis), éleveur, à Brévands (Manche), rédacteur en chef de la *France Chevaline*, 19, rue Brunel, Paris.

Beauchamp (A.), président du Syndicat des éleveurs de chevaux de demi-sang de la circonscription de Cluny, éleveur, à Vaumas (Allier).

Beaumont (Eugène), propriétaire-éleveur, étalonnier, à Longué (Maine-et-Loire).

Bedout (L.), propriétaire-éleveur, haras de la Plaine, à Cazaubon (Gers).

Bellec (François), propriétaire-éleveur, à Plounévez-Lochrist (Finistère).

Bénard (Jules), membre de la Société nationale d'agriculture de France et du Conseil supérieur de l'agriculture, 81, rue Maubeuge, Paris.

Bert (Ferdinand), président de la Société hippique de Rochefort-sur-Mer (Charente-Intérieure).

Berteux (Comte de), propriétaire-éleveur, 3, rue du Cirque, Paris, et haras de Cheffreville-Tonnencourt, par Fervacques (Calvados).

Bertrand (Elie), président du Syndicat agricole de Gaillac (Tarn).

Bihan (Yves), propriétaire-éleveur, à Plougoulm, par Saint-Pol-de-Léon (Finistère).

Blanc (Camille), propriétaire-éleveur, haras de Joyenval, par Chambourcy (Seine-et-Oise), et 67, boulevard Haussmann, Paris.

Blanc (Edmond), propriétaire-éleveur, 42, avenue Gabriel, Paris.

Bohli, piqueur à la Compagnie des chemins de fer de l'Ouest, 86, rue de Rome, Paris.

Boinot (Emile), propriétaire-éleveur, à Saint-Gelais (Deux-Sèvres).

Boinot (François), propriétaire-éleveur, Le Prieuré, par Saint-Gelais (Deux-Sèvres).

Boisgelin (Comte Bruno de), propriétaire-éleveur, 19, avenue de l'Alma, Paris, et à Beaumont-le-Roger (Eure).

Bollet (Dr), conseiller général, maire de Trévoux (Ain).

Bouchard, médecin-vétérinaire, vice-président de l'Union hippique de France, 47, rue Lauriston, Paris.

Boucher (Hubert), professeur de zootechnie à l'Ecole nationale vétérinaire de Lyon (Rhône).

Boué (J.-Ch.), professeur départemental d'agriculture des Hautes-Pyrénées, à Tarbes.

Bouézou (Rémi), propriétaire-éleveur, à Saint-Laurent-Bretagne, par Morlaas (Basses-Pyrénées).

Bougues (Victor), sénateur de la Haute-Garonne, 101, boulevard Saint-Michel, Paris ; éleveur à Saint-Gaudens.

Bouis (R.), propriétaire-éleveur, château d'Escoville, par Hérouvillette (Calvados).

Boulet (Emmanuel), agriculteur-éleveur, à Bosc-Roger, par Bourgtheroulde (Eure).

Boulnois (H.), propriétaire-éleveur, à Sarcus (Oise).

Bourdette, médecin-vétérinaire, à Bagnères-de-Bigorre (Hautes-Pyrénées).

Bourgade (François), propriétaire-éleveur, à Auch (Gers).

Bourgade (Paul), propriétaire-éleveur, à Auch (Gers).

Bourgne (André), professeur départemental d'agriculture, 13, rue de la Banque, à Evreux (Eure).

Bouscasse (Léonce), agriculteur-éleveur, 34, allée Lafayette, à Toulouse (Haute-Garonne).

Boussod (Jean), propriétaire-éleveur 11, rue Royale, Paris.

Bray (Baron de), propriétaire-éleveur, château de Montgeroult, par Boissy-l'Aillerie (Seine-et-Oise).

Breger (Emile), propriétaire-éleveur, à Bourbonne-les-Bains (Haute-Marne).

Brémond (Jacques de), propriétaire-éleveur, 75, rue de Courcelles, Paris.

Brière (Th.), directeur du Syndicat des agriculteurs de la Sarthe, 104, quai de l'Amiral-Lalande, au Mans.

Brunet (J.-L.), membre du Conseil supérieur des Colonies et du Comité consultatif de l'agriculture, de commerce et de l'industrie des Colonies, 3, boulevard Voltaire, Paris.

Brunet (Raymond), directeur de la *Revue générale d'Agriculture*, 12, rue Hautefeuille, Paris.

Buquet (Edouard), directeur de l'Ecole pratique d'agriculture de Corbigny (Nièvre).

Cabrol, propriétaire-éleveur, à Flers (Orne).

Caill (Claude), propriétaire-éleveur, à Kervingant, par Plouzévédé (Finistère).

Caillaud (Jules), agriculteur-éleveur, La Naslière, par Saint-Maixent (Deux-Sèvres).

Caillault (Maurice), propriétaire-éleveur, membre du Conseil supérieur des haras, 13, rue Florentin, Paris.

Calais (Aug.), propriétaire-éleveur, à Nielles-lez-Calais, par Calais (Pas-de-Calais).

Calvez (Olivier), agriculteur-éleveur, à Ty-Coz, par Coat-Méal (Finistère).

Camille aîné (Clément), président de l'Union hippique de France, président du Syndicat des loueurs de voitures de luxe, 21, boulevard Malesherbes, Paris.

Canaple (M.-W.), 12, place Vendôme, Paris.

Capelle (Alfred), propriétaire-éleveur, 19, rue Laplace, à Caen (Calvados).

Caquet (François), conseiller général, maire, à Saint-Hilaire-Fontaine (Nièvre), et 60, boulevard de Clichy, Paris.

Caron (J.), président de la Société agricole et horticole, à Boulogne-sur-Mer (Pas-de-Calais).

Carré (Félix), propriétaire-éleveur, à Entrains (Nièvre).

CARRON DE LA CARRIÈRE, propriétaire, 5, rue du Cirque, Paris.

CASSEZ, professeur départemental d'agriculture, à Chaumont (Haute-Marne).

CASTELBAJAC (Marquis de), 7, quai Voltaire, Paris, et château de Caumont, par Samatan (Gers).

CATHELINEAU (Dr L.), agriculteur-éleveur, 2, avenue Hoche, Paris.

CAUCHOIS (Louis), directeur de la *France chevaline*, 17, rue de là Grange-Batelière, Paris.

CAUVIN (Ernest), député, 5, rue de Milan, Paris, et à Saleux-Salouel (Somme).

CAVEY aîné, propriétaire-éleveur, à Nonant-le-Pin (Orne).

CAZE (Edmond), sénateur, ancien sous-secrétaire d'Etat au Ministère de l'Agriculture, 41, boulevard Malesherbes, Paris, et château de Toutens, par Caraman (Haute-Garonne).

CAZE DE CAUMONT (Frantz), 66, rue Pierre-Charron, Paris, et à Antibes (Alpes-Maritimes).

CAZELLES (Jean), avocat à la Cour d'appel de Paris, conseiller général du Gard, 131, boulevard Malesherbes, Paris.

CHAIZE (Charles), propriétaire à Villerest (Loire).

CHANVRIL (H.), propriétaire-éleveur, à Landerneau (Finistère).

CHARPIN (Emile), propriétaire-éleveur, à Giverdon, par Le Donjon (Allier).

CHAVAROCHE (Léonce), conseiller général, à Sainte-Foy-la-Grande (Gironde).

CHÉDEVILLE (Paul), propriétaire-éleveur, haras du Tellier, par Argentan (Orne).

CHEVALIER (Pierre), directeur de l'Ecole de dressage de Charolles (Saône-et-Loire).

CHEVIGNÉ (Comte Guy de), 1, place Wagram, Paris.

CHOLET (A.), médecin-vétérinaire, 17, avenue de la Gare, à Chantilly (Oise).

CHOMET (Maurice), notaire, à Chambon-sur-Voueize (Creuse).

CHOUANARD (J.), propriétaire-éleveur, à Verrières, par Berd'huis (Orne).

CLAEYS (Léon), ancien sénateur, président du Comice agricole de Bergues (Nord).

CLÉMENT (Gabriel), juge au Tribunal de Commerce du département de la Seine, 23, rue d'Orléans, à Neuilly-sur-Seine (Seine).

CLERC, propriétaire-éleveur, château d'Harfleur (Seine-Inférieure).

CLERMONT-TONNERRE (Comte R. de), 27, boulevard Malesherbes, Paris, et château de Muides (Loir-et-Cher).

COIGNARD (Antoine), directeur de l'Ecole pratique d'agriculture de Beauchêne, par Mayenne (Mayenne).

COLAS (Alphonse), propriétaire-éleveur, à Cougny, par Saint-Benin-d'Azy (Nièvre).

COMET (P.), propriétaire-éleveur, à Bagnères-de-Bigorre (Hautes-Pyrénées).

COMTE (Claude), conseiller général, à Meximieux (Ain).

CONSTANT (Emile), député de la Gironde, 11, rue de Milan, Paris.

CORBIÈRE (Henri), propriétaire-éleveur, maire, à Nonant-le-Pin (Orne).

CORNEC (Gaulven), agriculteur-éleveur, à Plouédern (Finistère).

COSSÉ-BRISSAC (Comte M. de), 14, rue d'Avon, à Fontainebleau (Seine-et-Marne).

COTTARD (Alfred), agriculteur, exportateur d'animaux reproducteurs, au Havre (Seine-Inférieure).

COUILLARD (Louis), agriculteur, à Chantrigné (Mayenne).

COURNAULT DE SEYTURIER, haras de Saint-Thiébaut, à Méréville-sur-Moselle, par Flavigny-sur-Moselle (Meurthe-et-Moselle.

COURRÈGELONGUE (Marcel), sénateur, maire de Bazas (Gironde), et 75, rue de Rennes, Paris.

CRAMAIL (René), 39, rue Galilée, Paris.

CROZET (Pierre), domaine de la Grand'Cour, à Romanèche (Saône-et-Loire).

CUEFF (J.-M.), propriétaire-éleveur, à Plouénan, par Saint-Pol-de-Léon (Finistère).

DAMBRICOURT (A.), propriétaire, 44, rue Guillaume-Cliton, à Saint-Omer (Pas-de-Calais).

DANGUY (Louis), professeur départemental d'agriculture, 4, quai Duquesne, à Nantes (Loire-Inférieure).

DAUGER (comte), propriétaire-éleveur, à Menneval, par Bernay (Eure).

DAVEZIES (Laurent), 32, place Marcadieu, à Tarbes (Hautes-Pyrénées).

DAVID (Henri), sénateur de Loir-et-Cher, 37, rue du Général-Foy Paris.

DAVID-BEAUREGARD (comte de), propriétaire-éleveur, à Sainte-Eulalie, par Hyères (Var).

DEBONS (Marcel), président de la Société hippique de la Seine-Inférieure, 58, rue Bouquet, à Rouen.

DECKER-DAVID (P.), député du Gers, propriétaire-éleveur, à Auch, et 174, boulevard Malesherbes, Paris.

DELAMARRE (Henri), propriétaire-éleveur, 52, boulevard Haussmann, Paris.

DELAPALME (Félix), notaire, 250 *bis*, boulevard Saint-Germain, Paris.

DELARBRE (Paul), ancien député, à Manneville, par Troarn (Calvados) et 8, rue du Commandant-Marchand, Paris.

DELATTRE (Eugène), propriétaire-éleveur, à Tardinghen (Pas-de-Calais).

Delattre (Félicien), propriétaire-éleveur, à Selles, par Desvres (Pas-de-Calais).

Demarçay (Baron Maurice), sénateur, à Saint-Savin (Vienne), et 54, rue du Faubourg-Saint-Honoré, Paris.

Denis (Philippe), propriétaire-éleveur, à Lys, par Tannay (Nièvre).

Derche, propriétaire-éleveur, à Saint-Parize-le-Châtel (Nièvre).

Deschamps (Emile), propriétaire, 1, rue Boccador, Paris.

Desvouges, vice-président de l'Union hippique de France, 74, rue Saint-Sauveur, Paris.

Dethan (Georges), propriétaire-agriculteur, château de la Côte, par Bourdeilles (Dordogne), et 131, boulevard Raspail, Paris.

Dethan (G.), haras de Chérence-en-Vexin, par la Roche-Guyon (Seine-et-Oise).

Devilaine (Ernest), propriétaire-éleveur, à Levis, par Fontenoy (Yonne).

Donjon de Saint-Martin (G.), propriétaire-éleveur, à Saint-Martin, par Ardres (Pas-de-Calais).

Douay (Désiré), propriétaire-éleveur, à Neuvilly (Nord).

Doussain (A.), médecin-vétérinaire, 11, rue Scribe, à Nantes (Loire-Inférieure).

Dreyfus (Gaston), propriétaire-éleveur, 5, avenue Montaigne, Paris.

Drulle (Jean), agriculteur-éleveur, à Carignan (Ardennes).

Du Bos (Auguste), 47, avenue Henri-Martin, Paris.

Ducos (Gustave), propriétaire-éleveur, maire, à Gayan, par Andrest (Hautes-Pyrénées).

Dufrien (A.), président du Syndicat du Vimeu, éleveur, La Croix-au-Bailly, par Béthencourt-sur-Mer (Somme).

Dulac (Albert), agriculteur-éleveur, domaine du Bosc, à Commes, par Port-en-Bessin (Calvados).

Dulau (Constant), député, à Castelnau-Chalosse, par Pomarez (Landes) et 14, rue de Moscou, Paris.

Dumontpallier, 6, place de la Concorde, Paris.

Duparge (Général), inspecteur général permanent des Remontes, Ministère de la Guerre, Paris.

Dupuy (Jean), ancien ministre de l'Agriculture, sénateur des Hautes-Pyrénées, 18, rue d'Enghien, Paris.

Ecluse (De l'), professeur départemental d'agriculture, au Mans (Sarthe).

Espous de Paul (Vicomte Ph. d'), 18, rue Godot-de-Mauroi, Paris.

Fagot (Eugène), sénateur, à Mazerny, par Poix-Terron (Ardennes), et 21, rue Alphonse-Daudet, Paris.

Fardouet (Alphonse), propriétaire-éleveur, Le Bois-Joly, à Margon, par Nogent-le-Rotrou (Eure-et-Loir).

FELS (Comte de), 135, rue du Faubourg-Saint-Honoré, Paris, et château de Voisins, par Rambouillet (Seine-et-Oise).

FILOU (Lucien), haras des Hautes-Pâtures, par Bezons (Seine-et-Oise).

FITZ-JAMES (Comte Edouard de), propriétaire-éleveur, 7, rue Royale, Paris.

FLERS (Vicomte Adrien de), ex-capitaine de cavalerie, 7, rue de Tilsitt, Paris.

FOACHE (Maurice), président du Syndicat des éleveurs de la Charente-Inférieure, à Plaisance, par Benon (Charente-Inférieure), et 53, avenue Kléber, Paris.

FOCONNIER (Oscar), propriétaire-éleveur, à Tortefontaine, par Hesdin (Pas-de-Calais).

FONTAINE (Vicomte A. de), secrétaire-trésorier du Syndicat hippique boulonnais, château de Fontaine-les-Hermans, par Pernes-en-Artois (Pas-de-Calais).

FONTY, propriétaire-éleveur, à Lithaire, par La Haye-du-Puits (Manche), et 18, rue d'Amsterdam, Paris.

FORCEAU (Pierre), éleveur, La Vallée, commune de Nérondes (Cher).

FORTIER (E.), sénateur, à Mont-Saint-Aignan, par Rouen (Seine-Inférieure), et 4, rue de l'Isly, Paris.

FOULON, propriétaire-éleveur, au Sap (Orne).

FOURNAS (De), propriétaire-éleveur, château de Serres, par Carcassonne (Aude).

FOY (Baron), villa Sainte-Lucie, rue de l'Aigle, à Compiègne (Oise).

FOY (Comte), 85, rue du Faubourg-Saint-Honoré, Paris.

FRESNOYE (Baron de), propriétaire-éleveur, château de Flers, par Frévent (Pas-de-Calais).

FRÉZIER (Emmanuel), négociant en chevaux, 222, rue du Faubourg-Saint-Martin, Paris.

FURNE (Constant), propriétaire-éleveur, à Saint-Léonard, par Pont-de-Briques (Pas-de-Calais).

GALLIER (Alfred), médecin-vétérinaire, inspecteur sanitaire de la ville de Caen, 2, rue Leroy, à Caen (Calvados).

GANAY (Comte André de), 9, avenue d'Antin, Paris.

GANAY (Comte Gérard de), 137, rue du Faubourg-Saint-Honoré, Paris, et à Fougerette, par Etang-sur-Arroux (Saône-et-Loire).

GANAY (Marquis de), 9, avenue de l'Alma, Paris.

GARCIN (Jules), médecin-vétérinaire, 17, rue Cambacérès, Paris.

GARREAU (H.), propriétaire-éleveur, à Saint-Etienne-de-Montluc (Loire-Inférieure).

GARRIGOU-LARRIALE (Eugène), propriétaire-éleveur, à Blajan (Haute-Garonne).

GASNOS (Henri), propriétaire-éleveur, à Fresnay-sur-Sarthe (Sarthe).

GASSELIN (Ernest), propriétaire-éleveur, à Laleu, par Le Mesle-sur-Sarthe (Orne).

GAST (Armand), propriétaire-éleveur, vice-président de la Société hippique de Corlay, Le Guenfol, à Quintin (Côtes-du-Nord).

GAUVREAU (Félicien), propriétaire-éleveur, à Angles (Vendée).

GENAY (Paul), président du Syndicat d'élevage et de vente du cheval de trait, à Lunéville (Meurthe-et-Moselle).

GENTIL, député des Deux-Sèvres, 72, boulevard de La Tour-Maubourg, Paris.

GÉRARD (Ch.), 28, rue du Mail-Vonges, à Rennes (Ille-et-Vilaine).

GÉRARD (Louis), à Trémignon-en-Combourg (Ille-et-Vilaine).

GÉRARD, propriétaire-éleveur, à Saint-Léger, par Le Mesle-sur-Sarthe (Orne).

GESLAIN (Octave), propriétaire-éleveur, à Beaumesnil, par Saint-Gervais-du-Perron (Orne).

GHEEST (Maurice de), 67, rue des Belles-Feuilles, Paris.

GILBERT (Ernest), agriculteur-éleveur, lauréat de la Prime-d'Honneur, 207, boulevard Saint-Germain, Paris.

GILLIBERT, vétérinaire militaire en retraite, au Thor (Vaucluse).

GIRAUD (Louis), propriétaire, 33, boulevard de l'Esplanade, à Montpellier (Hérault).

GIROUX - DELAUBIER, propriétaire-éleveur, à Chef-Boutonne (Deux-Sèvres).

GOAOC (Louis), éleveur, à Poul-ar-Fœmoc, par Plounévez-Lochrist (Finistère).

GODICHON (L.), éleveur, à Larré, par Hauterive (Orne).

GOMOT (Hippolyte), ancien ministre de l'Agriculture, sénateur du Puy-de-Dôme, 10, rue des Saints-Pères, Paris.

GONTAUT-BIRON (Comte J. de), ancien député, 8, avenue Marceau, Paris.

GRALL (Jean-Marie), éleveur, à Kerbic, par Plouénan (Finistère).

GRAMONT (Duc de), 52, rue de Chaillot, Paris, et château de Vallière, à Mortefontaine (Oise).

GRANDEAU (Louis), inspecteur général des Stations agronomiques, 4, avenue de La Bourdonnais, Paris.

GRÉGOIRE (Léon), éleveur, maire, à Almenèches (Orne).

GRIVART, propriétaire-éleveur, à Plessala (Côtes-du-Nord).

GUÉBRIANT (Comte de), conseiller général du Finistère, 73, rue de Varenne, Paris.

GUERLAIN (Gabriel), propriétaire-éleveur, à Saint-Aubin-d'Appenai, par Le Mesle-sur-Sarthe (Orne), et 15, rue de la Paix, Paris.

GUILET (Fernand), trésorier du Syndicat des éleveurs de demi-sang, propriétaire-éleveur, à Condé-sur-Noireau (Calvados).

GUILLEROT (Paul), propriétaire-éleveur, Les Oudairies, par La Roche-sur-Yon (Vendée).

GUILLOU (François-Louis), éleveur, à Guiclan, par Saint-Thégonnec (Finistère).

GUILLOU (Jean-Marie), éleveur, à Talingoat, par Pleyber-Christ (Finistère),

HALBRONN (Chéri-Raymond), propriétaire-éleveur, 45, rue de Ponthieu, Paris, et haras de Bel-Ebat, à La Celle-Saint-Cloud (Seine-et-Oise).

HAMELIN (Paul), éleveur, à Méhéry-en-Dancé, par Berd'huis (Orne).

HARCOURT (Louis-Emmanuel, Vicomte d'), propriétaire-éleveur, 9, rue de Constantine, Paris, et à Chantilly (Oise).

HAYES (Auguste), propriétaire-éleveur, maire, à Saint-Pierre-la-Bruyère, par Berd'huis (Orne).

HÉMARD (A.), ancien président du Conseil général de la Seine, propriétaire-éleveur, à Nogent-sur-Vernisson (Loiret), et 76, rue de Paris, à Montreuil-sous-Bois (Seine).

HENNESSY (James), propriétaire-éleveur, 44, rue Bassano, Paris.

HENNESSY (Robert), propriétaire-éleveur, 6, avenue de Messine, Paris, et château du Pas-des-Chaumes, par Chef-Boutonne (Deux-Sèvres).

HERLINCOURT (Baron d'), propriétaire-éleveur, château d'Eterpigny, par Vis-en-Artois (Pas-de-Calais).

HERMÈS (Adolphe), vice-président de l'Union hippique de France, 24, rue du Faubourg-Saint-Honoré, Paris.

HORMENT (Adrien), propriétaire-éleveur, château de Féas, par Aramits (Basses-Pyrénées).

HUET, propriétaire-éleveur, à Nonant-le-Pin (Orne).

HUNGER (V.), secrétaire général de la Société du demi-sang, 7, rue d'Astorg, Paris.

ICARD (J.-M.), éleveur, à Saint-Girons (Ariège).

ILLARET (Antoine), médecin-vétérinaire, 22, rue Dauzats, à Bordeaux (Gironde).

JOUBERT (Jean), propriétaire-éleveur, 23, rue de Balzac, Paris.

JUGE (J. de), propriétaire-éleveur, à Mons, par Condom (Gers).

KERGORLAY (Comte Florian de), président de la Société des Courses de Deauville, 1, rue Godot-de-Mauroi, Paris.

KERGUÉZEC (De), conseiller général et député des Côtes-du-Nord, Palais-Bourbon, Paris.

KERJÉGU (James de), député, président du Conseil général du Finistère, 38, rue de Chaillot, Paris.

KERNEÏS, propriétaire-éleveur, à l'Hôpital-Camfrout, par Daoulas (Finistère).

KERTANGUY (Vicomte de), propriétaire-éleveur, 24, quai de Léon, à Morlaix (Finistère).

LAFORCADE (De), propriétaire-éleveur, Le Gault (Loir-et-Cher).

LA GARDE (Marquis de), 4, rue Debrousse, Paris, et château de
   Saint-Angel, par Nontron (Dordogne).
LAGASSE (Louis), député, 41, rue Notre-Dame-de-Lorette,
   Paris, et à Casteljaloux (Lot-et-Garonne).
LAGORSSE (J.-M. de), ancien député de la Manche, propriétaire-
   éleveur, château de l'Ermitage, par Valognes (Manche), et
   209, boulevard Saint-Germain, Paris.
LALLOUËT (Th.), propriétaire-éleveur, à Semallé, par Alençon
   (Orne).
LAMBERT (Claude), propriétaire-éleveur, aux Poulets, par Marizy
   (Saône-et-Loire).
LAMY (Colonel), adjoint à l'Inspecteur général permanent des
   remontes, Ministère de la Guerre, Paris.
LANGLE (Vicomte de), propriétaire-éleveur, château de Pennelé,
   par Morlaix (Finistère).
LAPORTE (Ferdinand), agriculteur-éleveur, à Maux, par Moulins-
   Engilbert (Nièvre).
LAPORTE (Martial), propriétaire-éleveur, à Sarniguet, par
   Andrest (Hautes-Pyrénées).
LARRIEU (Bernard), propriétaire-éleveur, à Séméac (Hautes-
   Pyrénées).
LARRIEU (Jean-Marie), propriétaire-éleveur, à Séméac (Hautes-
   Pyrénées).
LARROUY (Pierre), vétérinaire des haras, 27, rue Duboué, à Pau
   (Basses-Pyrénées).
LASTOURS (Comte de), 37, rue La Boëtie, Paris, et château de
   Lastours, par Castres (Tarn).
LAURENT (Alexandre), vétérinaire départemental, à Bar-le-Duc
   (Meuse).
LAURENT (Félix), professeur départemental d'agriculture, à
   Rouen (Seine-Inférieure).
LAVALARD (E.), directeur de la cavalerie de la Compagnie
   générale des Omnibus, 87, avenue de Villiers, Paris.
LAVOINNE (André), agriculteur-éleveur, le Bosc-aux-Moines, par
   Doudeville (Seine-Inférieure).
LAZARD (Salomon), président de la Chambre syndicale du
   commerce des chevaux, 34, rue Pergolèse, Paris.
LEBEL (Louis), propriétaire-éleveur, à Gouy-Cahon, par Abbe-
   ville (Somme).
LE BOURG (Louis), propriétaire-éleveur, à Reux, par Pont-
   l'Evêque (Calvados).
LECOUFLET (Emile), propriétaire-éleveur, à Fresville, par Mon-
   tibourg (Manche).
LE COZ (J.-P.), éleveur, à Ploujean, par Morlaix (Finistère).
LE DARS (Fernand), propriétaire-éleveur, à Saint-Manvieu, par
   Cheux (Calvados).
LEDINGHEN (Gaston de), propriétaire-éleveur, à Wimille (Pas-de-
   Calais).

LEDOUX (Jules), professeur de zootechnie à l'Ecole nationale d'agriculture, 4, rue Alexandre-Duval, à Rennes (Ille-et-Vilaine).

LEFEUVRE (André), 9, rue de Bouillé, à Nantes (Loire-Inférieure).

LE GENTIL (Ernest), secrétaire général du Syndicat hippique boulonnais, propriétaire-éleveur, à Estruval, par Le Parcq (Pas-de-Calais).

LE GOUPIL (P.), 6, rue de l'Alma, à Cherbourg (Manche).

LE GUERC'H, éleveur, à Pleyber-Christ (Finistère).

LEJEUNE (Baron), propriétaire-éleveur, 7, avenue de l'Alma, Paris, et château de Lamothe-Chandenier, par Les Trois-Moutiers (Vienne).

LELEU (Prosper), agriculteur-éleveur, à Tilloy, par Cambrai (Nord).

LE MAROIS (Comte), 59, rue Saint-Dominique, Paris, et haras de Lonray (Orne).

LEMOINE (Gustave), éleveur, à Roullée, par La Fresnaye-sur-Chedouet (Sarthe).

LE PAPE (François), agriculteur-éleveur, à Kernéguez-en-Guimiliau, par Lampaul-Guimiliau (Finistère).

LEPELLETIER, propriétaire-éleveur, à Carentan (Manche).

LEQUEUX (Alfred), président du Comice agricole de Châlons-sur-Marne (Marne).

LE ROUX (G.), ancien éleveur, consul général de France, 17, rue Pasteur, à Vannes (Morbihan).

LEROUX (Joseph), ferme du Roquereau, à Ambrières (Mayenne).

LÉTOURNEAU (A.), propriétaire-éleveur, La Blanchardière, par Nozay (Loire-Inférieure).

LE TROADEC, député des Côtes-du-Nord, 6, avenue Léon-Bourgain, à Courbevoie (Seine).

LEVEL (Albert), agriculteur-éleveur, à Bonningues-les-Calais, par Calais (Pas-de-Calais).

LEVEL (Ovide), éleveur, à Peuplingues, par Calais (Pas-de-Calais).

LEWIN (Simon), conseiller du commerce extérieur, 3, rue Balny-d'Avricourt, Paris.

LHOMEL (Comte Georges de), 27, rue Marbeuf, Paris.

LHOSTE (Léon), propriétaire-éleveur, à Romenay, par Anlezy (Nièvre).

LIAUTARD (Dr A.), doyen et professeur de la Faculté vétérinaire de l'Université de New-York, 14, avenue de l'Opéra, Paris.

LIMON (Guillaume), député, à Saint-Brandan, par Quintin (Côtes-du-Nord), et 43, rue Vaneau, Paris.

LUPPÉ (Vicomte Olivier de), 22, rue Oudinot, Paris, et château de Saint-Martin-de-Ravenac, par le Mas-d'Agenais (Lot-et-Garonne).

MADARÉ (Edmond), propriétaire-éleveur, président de l'Union des Syndicats agricoles de la région du Nord, à Saint-Etienne, par Pont-de-Briques (Pas-de-Calais).

MAGENC (Auguste), propriétaire-éleveur, 1, rue des Graviers, à Tarbes (Hautes-Pyrénées).

MAGNAUD (Le président), député de la Seine, Palais-Bourbon.

MAILLARD (Céran), père, propriétaire-éleveur, à Turqueville, par Sainte-Mère-Eglise (Manche).

MAILLARD (Céran), fils, haras de Brion, par Genêts (Manche).

MANOURY (E.), vétérinaire principal des haras, à Saint-Lô (Manche).

MARCHEGAY (Louis), propriétaire-éleveur, château des Roches-Baritaud, par Chantonnay (Vendée).

MARCILLAC (E.), propriétaire-éleveur, à Tresses, par La Bastide (Gironde).

MARINGE (Paul), propriétaire-éleveur, à Champlémy (Nièvre).

MARINGE (René), propriétaire-éleveur, à Champlin, par Prémery (Nièvre).

MARTIN (E.), propriétaire, allée Fénélon, à Cahors (Lot).

MARTY (Jules), propriétaire, 36, rue Bayard, à Toulouse (Haute-Garonne).

MAULÉON (Marquis de), château de Lassale, par Gimont (Gers).

MAY (Georges-Antoine), haras du Perray, Le Perray (Seine-et-(Oise).

MÉGNIN (Paul), directeur du journal l'*Eleveur*, 6, avenue Aubert, à Vincennes (Seine).

MERCÉ (Emile), propriétaire, clos de May, à Macau (Gironde).

MERCIER (A.), 300, boulevard de Beauvillé, à Amiens (Somme).

MÉRITE AGRICOLE (Association du), 61, boulevard Barbès, Paris.

MERLE (Auguste), propriétaire-éleveur, 89, boulevard Haussmann, Paris.

MÉTAIRIE (Abel), propriétaire-éleveur, château de Fonfaye, par Châteauneuf-Val-de-Bargis (Nièvre).

MÉTÉNIER, propriétaire-éleveur, à Cronat-sur-Loire (Saône-et-Loire).

MEYER (Théodore), propriétaire, 98, rue de Neuilly, à Gagny (Seine-et-Oise).

MICHAUD, secrétaire-trésorier de la Société hippique de Ganties-les-Bains, avenue de Luchon, à Saint-Gaudens (Haute-Garonne).

MOISSONNIÈRE (R. de la) propriétaire-éleveur, à Montréal, par Monville (Seine-Inférieure).

MONOT (Jean-Marie), éleveur, maire de Plougoulm, par Saint-Pol-de-Léon (Finistère).

MORLÉ (G.), agriculteur-éleveur, à Champallement, par Saint-Révérien (Nièvre).

MOULIN, médecin-vétérinaire, à Albertville (Savoie).

MOULINET (Ovide), propriétaire-éleveur, à Saint-Léger-sur-Sarthe, par Le Mesle-sur-Sarthe (Orne).

Mun (Comte Albert de), de l'Académie française, député du Finistère, 5, avenue de l'Alma, Paris.

Murat (Prince), propriétaire-éleveur, 28, rue de Monceau, Paris.

Naudin (Achille), agriculteur-éleveur, à Oulon, par Prémery (Nièvre).

Neuflize (Baron de), régent de la Banque de France, 7, rue Alfred de Vigny, Paris, et château de Soisy (Seine-et-Oise).

Neuville (Louis de), propriétaire-éleveur, président du Syndicat des éleveurs de chevaux du Limousin (Creuse, Corrèze, Haute-Vienne), château de Combas, par Vicq (Haute-Vienne).

Nexon (Baron Armand de), propriétaire-éleveur, château de Nexon, par Nexon (Haute-Vienne).

Nexon (Baron Auguste de), propriétaire-éleveur, château de la Garde, par Nexon (Haute-Vienne).

Nicard, propriétaire-éleveur, à La Coumelle, par Nevers (Nièvre).

Nicolay (Comte Roger de), 80, rue de Lille, Paris, et château de Montfort-le-Rotrou (Sarthe).

Nieuil (Marquis de), commissaire de la Société sportive d'encouragement, 94, avenue Henri-Martin, Paris.

Nitot (Comte G.), propriétaire-éleveur, villa Nitot, à Pau (Basses-Pyrénées).

Noailles (Duc de), 26, rue de Pomereu, Paris, et château de Maintenon (Eure-et-Loir).

Ollitrault-Dureste, président de la Société hippique de Corlay, président du Conseil général des Côtes-du-Nord, château de Bizoin, par Uzel (Côtes-du-Nord).

Ollivier (Auguste), sénateur des Côtes-du-Nord, 10, rue Margueritte, Paris.

Ollivier (Louis), député, à Saint-Connan, par Plésidy (Côtes-du-Nord), et 17, avenue de Tourville, Paris.

Olry-Rœderer, propriétaire-éleveur, 41, rue de Monceau, Paris.

Orléans (Vicomte Maurice d'), haras du Buff, par Alençon (Orne).

Ory (Joseph), député, à Feurs (Loire), et 5, rue Montesquieu, Paris.

Papelier (A.), ancien député, président de la Société centrale d'agriculture de Meurthe-et-Moselle, 4 bis, rue Michel-Chasles, Paris.

Papin (Robert), propriétaire-éleveur, président de la Société sportive d'encouragement, 78, boulevard Malesherbes, Paris, et à Mary-sur-Marne (Seine-et-Marne).

Passy (Louis), député de l'Eure, membre de l'Institut, 75, rue de Courcelles, Paris.

Péan de Saint-Gilles (André) 79, rue de la Tour, Paris.

Pédebidou (Docteur A.), sénateur, à Tournay (Hautes-Pyrénées), et 38, rue des Ecoles, Paris.

PERIER (Daniel), directeur de l'Ecole de dressage de Rochefort-sur-Mer (Charente-Inférieure).

PERRIOT (Edmond), propriétaire-éleveur, à Margon, par Nogent-le-Rotrou (Eure-et-Loir).

PERROT (Gaston), propriétaire-éleveur, à Belgrave, par La Guerche-sur-l'Aubois (Cher).

PICOT (Lucien), trésorier de l'Union hippique de France, 105, avenue du Roule, à Neuilly-sur-Seine (Seine).

PIGNARD-DUDÉZÈRT (F.), conseiller à la Cour d'appel de Paris, 37, rue Ampère, Paris ; propriétaire-éleveur, à Brainville, par Gratot (Manche).

PLAISANCE (Duc de), 3, boulevard Malesherbes, Paris, et château de la Jumellière (Maine-et-Loire).

PLAUT (A.), médecin-vétérinaire, 20, rue Bayard, Paris.

PLOEUC (Marquis de), 9, rue Montaigne, Paris.

PONCINS (Comte de), 37, rue François-Ier, Paris, et château du Palais, par Feurs (Loire).

PONTAVICE (Comte du), château des Renardières, par Landéan (Ille-et-Vilaine).

PONTLEVOYE (S. de), président de la Société hippique du Bocage vendéen, château de Velaudin, par Bazoches-en-Pareds (Vendée).

POULIGUEN (Louis), éleveur, à Saint-Thégonnec (Finistère).

POURTALÈS (Comte Hubert de), 17, place Vendôme, Paris, et château de Martinvast (Manche).

POURTALÈS (Comte Paul de), 20, boulevard des Capucines, Paris.

PRACOMTAL (Comte Armand de), 92, avenue d'Iéna, Paris.

PRAT (Jean), propriétaire-éleveur, 85, boulevard Haussmann, Paris.

PRILLIEUX, ancien sénateur, membre de l'Institut, 14, rue Cambacérès, Paris.

PUNT (Colonel), directeur des remontes de l'armée néerlandaise, 86, Jan Van Nassaustraat, à La Haye (Hollande).

QUEINNEC (Alain), vice-président de la Société hippique de Saint-Thégonnec, à Plounéventer (Finistère).

QUEINNEC (Auguste), propriétaire-éleveur, à Landivisiau (Finistère).

QUEINNEC (J.-L.), propriétaire-éleveur, conseiller général, à Saint-Thégonnec (Finistère).

QUERÉ (François), propriétaire-éleveur, Le Prédic, à Saint-Pol-de-Léon (Finistère).

QUINTARD (Jules), propriétaire-éleveur, La Roche-Picher, à Saint-Eanne, par Saint-Maixent (Deux-Sèvres).

QUINEFAULT (Camille), propriétaire-éleveur, château du Tertre, par Craon (Mayenne).

RAQUET (Hector), professeur de zootechnie à l'Institut agricole de Gembloux (Belgique).

RAVIGNAN (Baron Gustave de), 64, rue de Courcelles, Paris, et château de Roche-Amenon, par La Haye-Descartes (Indre-et-Loire).

REMY (Henri), président de la Société des agriculteurs de l'Oise, haras de Neuvillette, par Chaumont-en-Vexin (Oise).

RICARD (Dr .Henri), sénateur de la Côte-d'Or, 73, rue du Cardinal-Lemoine, Paris.

RICHARD (Théodule), agriculteur, à Ovillers-Solesmes (Nord).

RIOTTEAU, président de la Société d'encouragement pour l'amélioration du cheval français de demi-sang, sénateur, à Granville (Manche), et 10, rue de Sèze, Paris.

RIPERT (Claude), conseiller général, à Vignory (Haute-Marne).

RŒDERER (Comte), 5, rue Freycinet, Paris, et château de Bois-Roussel, par Essai (Orne).

ROGER (Paul), directeur de la *France hippique*, 4, rue de la Bienfaisance, Paris.

ROINARD, médecin-vétérinaire, à Neuville-Ferrières, par Neufchâtel-en-Bray (Seine-Inférieure).

ROMANET (L. de), château de Mignardière, par Roanne (Loire).

ROUDEL (Auguste), propriétaire-éleveur, 91, avenue Jeanne-d'Arc, à Bègles (Gironde), et 206, cours Saint-Jean, à Bordeaux.

ROUÉ (Louis), éleveur, à Saint-Pol-de-Léon (Finistère).

ROUSSE, docteur en médecine, Le Langon (Vendée).

ROUSSEAU (C.), château de Fresnay-le-Buffard, par Bazoches-en-Houlme (Orne).

ROUSSELLE, propriétaire-éleveur, à Servon-Tanis (Manche), et 99, rue du Bac, Paris.

ROUTIER (Victor), éleveur, 152, rue de Bréquerecque, à Boulogne-sur-Mer (Pas-de-Calais).

ROUVIER (Paul), sénateur, à Surgères (Charente-Inférieure) et 22, avenue de l'Opéra, Paris.

ROZIER (Philippe du), président du Syndicat des éleveurs de chevaux de demi-sang en France, château du Petit-Jard, par La Ferté-Macé (Orne).

SAINT-ALARY (E. de), 32, rue de la Ferme, à Neuilly-sur-Seine (Seine).

SAINT-JAYME (F. de), conseiller général, à Saint-Palais (Basses-Pyrénées).

SAINT-MALO-DE-LA-LANDE (Le Comice agricole du canton de), à Saint-Malo-de-la-Lande (Manche).

SAINT-PAUL (Baron de), agriculteur-éleveur, à Hames-Boucres, par Guines-en-Calaisis (Pas-de-Calais).

SAINT-PHALLE (Comte de), rue du Pont, à Chennevières (Seine-et-Oise).

SAINT-POL (de), député d'Eure-et-Loir, 153, boulevard Saint-Germain, Paris.

SAINT-QUENTIN (Comte de), sénateur, château de Gravelles, par Bourguébus (Calvados) et 3, rue Magdebourg, Paris.

SALANSON (Eugène), propriétaire-éleveur, 60, rue Pierre-Charron, Paris.

SALOMON, président de la Société des courses de Chalamont (Ain).

SALVERTE (Roger de), 16, rue de la Ville-l'Evêque, Paris, et château de Rouvres, par Fauverney (Côte-d'Or).

SAMPIERI (Comte Ch.), 116, rue de la Faisanderie, Paris.

SANCET, sénateur, Palais du Luxembourg, Paris.

SARRIEN (Ferdinand), député de Saône-et-Loire, président du Conseil des ministres, 22, avenue de l'Observatoire, Paris.

SAY (Henri, 79, avenue Malakoff, Paris.

SEITÉ (Henri), éleveur, à Santec, par Roscoff (Finistère).

SÉVÈRE (François), éleveur, à Saint-Pol-de-Léon (Finistère).

SÉVÈRE (Yves), éleveur, à Kérourgant, en Saint-Pol-de-Léon (Finistère).

SIBIRIL (Olivier), éleveur, à Kerdrach, par Pleyber-Christ (Finistère).

SIGNORET (Charles), propriétaire-éleveur, à Sermoise, par Nevers (Nièvre).

SOUCHON (Charles), propriétaire-éleveur, à Marzy, par Nevers (Nièvre).

STERN (Jean), propriétaire-éleveur, 11, avenue d'Iéna, Paris.

STUART, chroniqueur sportif, 9 *bis*, cours de Reffye, à Tarbes (Hautes-Pyrénées).

SUBERBIE (L.-G.), médecin-vétérinaire, 22, cours Bosquet, à Pau (Basses-Pyrénées).

TACHEAU, fils aîné, propriétaire-éleveur, à La Ferté-Bernard (Sarthe).

TALLON (Gaston), propriétaire-éleveur, 12, rue de Monceau, Paris.

TEIL DU HAVELT (Baron du), président de la Société hippique française, 3, avenue d'Antin, Paris, et château du Perthuis-de-Charnay, par Mâcon (Saône-et-Loire).

TEISSERENC DE BORT (Edmond), sénateur, château de Bort, par Saint-Priest-Taurion (Haute-Vienne), et 135, boulevard Malesherbes, Paris.

THIBAULT (J.), propriétaire-éleveur, à Larré, par Hauterive (Orne).

THIERRY (Emile), médecin-vétérinaire, rédacteur en chef de la *Gazette du Village*, 38, rue Saint-Sulpice, Paris.

THIÉRY DE CABANES, propriétaire-éleveur, à Barbanthall, par Marcilly-sur-Seine (Marne).

TISSERAND (Eugène), directeur honoraire de l'Agriculture, conseiller-maître honoraire de la Cour des Comptes, 17, rue du Cirque, Paris.

TOCQUEVILLE (Comte de), propriétaire-éleveur, 4, rue de Chanaleilles, Paris, et château de Tocqueville, par Saint-Pierre-Eglise (Manche).

Toursel, propriétaire-éleveur, à Bossicau, par Vendeuvre (Aube).

Tracy (Marquis de), propriétaire-éleveur, haras de Paray-le-Frésil, par Chevagnes (Allier).

Troadec (Jean-François), éleveur, à Kerabret, par Cléder (Finistère).

Turpin (Séverin), propriétaire-éleveur, à Saint-Florent, par Sully-sur-Loire (Loiret).

Vacher (Marcel), ancien député, président de l'Association syndicale de éleveurs français, 52, avenue de Breteuil, Paris, et à Montmarault (Allier).

Vallée, propriétaire-éleveur, à Courthoisnon, par Bazoches-sur-Hoëne (Orne).

Varenne (Baron de), 21, avenue des Champs-Elysées, Paris.

Veil-Picard (Edmond), propriétaire-éleveur, 76, avenue de Wagram, Paris.

Vendeuil (Félix), secrétaire du Syndicat des éleveurs de chevaux du Limousin, Le Dorat (Haute-Vienne).

Vidal-Galland (Eugène), délégué du Syndicat des agriculteurs de la Haute-Loire, 3, rue Rouzon, au Puy.

Viel (Albert), propriétaire-éleveur, maire, à Mondeville (Calvados).

Vigier (Comte Henri), 35, rue de Bassano, Paris, et château de Vineuil (Oise).

Vigouroux (Louis), député, 39, avenue Rapp, Paris, et château de Fournac, à Chomelix (Haute-Loire).

Vigouroux-Kernëis, propriétaire-éleveur, à Dirinon (Finistère).

Viguier (François), médecin-vétérinaire, à Montauban (Tarn-et-Garonne).

Ville de Teynier (G.), propriétaire-éleveur, 12, rue Saint-Antoine-du-T., à Toulouse (Haute-Garonne).

Villerest (Le Syndicat agricole et viticole de la commune de), à Villerest (Loire).

Villiers (Emile), député du Finistère, 2 bis, square du Croisic, Paris.

Vincelles (Comte Amédée de), 168, rue du Faubourg-Saint-Honoré, Paris, et château de Penanrun, par Concarneau (Finistère).

Vincey (Paul), professeur départemental d'agriculture de la Seine, 60, boulevard Emile-Augier, Paris.

Vinet, sénateur d'Eure-et-Loir, 12, rue Lamennais, Paris.

Viseur, sénateur du Pas-de-Calais, à Arras.

Wallet (Adrien), haras de la Gaillarderie, par Noisy-le-Roi (Seine-et-Oise).

Wazières (De), propriétaire-éleveur, à Foufflin-Ricametz, par Saint-Pol-sur-Ternoise (Pas-de-Calais).

Séance du Vendredi 15 Juin 1906

Présidence de M. Edmond CAZE

SÉNATEUR DE LA HAUTE-GARONNE

La séance est ouverte à 4 h. 1.4. La nombreuse assistance donne à la réunion un caractère très complet de représentation de l'ensemble de l'élevage français.

M. le Président Caze est assisté au Bureau de MM. le prince Murat, le baron du Teil du Havelt, le vicomte d'Harcourt, Riotteau, Decker-David, Viseur, Lavalard, Barrier, du Rozier, vice-présidents de la Commission permanente ; de Lagorsse, secrétaire général du Congrès ; Tisserand, directeur honoraire de l'Agriculture ; le professeur A. Chauveau, membre de l'Institut ; le professeur L. Grandeau, etc., etc.

M. le Président prononce l'allocution suivante :

M. le Président. — Messieurs, j'ai le très grand honneur d'ouvrir la seconde session du Congrès hippique. Mon premier devoir est de vous apporter le tribut de regrets de M. Loubet, ancien Président de la République, qui, retenu dans la Drôme, n'a pu venir ouvrir cette séance. Je vous apporte en même temps, de sa part, le témoignage d'une sympathie et d'un dévouement qui font qu'il ne veut pas faire de sa retraite une vie inactive ; sa sympathie sera toujours au service de l'agriculture en général et, en particulier, de cette branche si intéressante et si glorieuse de l'agriculture qu'on appelle l'élevage français. (*Vifs applaudissements.*)

Je ne m'attarderai pas à de longs discours ; je me contenterai de féliciter les membres de l'ancien Congrès de la fidélité qu'ils nous ont marquée en se faisant inscrire pour prendre part à celui-ci, et, en même temps, je souhaite la bienvenue aux membres nouveaux qui sont venus apporter aux anciens le concours de leurs lumières de plus en plus appréciées. (*Très bien ! Très bien !*)

L'œuvre que nous avons à accomplir dans cette session est assez importante ; l'ordre du jour est assez chargé et vous attendez des communications d'un ordre tellement intéressant que je me ferais scrupule de retarder par de vains discours le moment de les entendre. (*Applaudissements.*)

M. le Président. — La parole est à M. Lavalard pour exposer les deux questions suivantes : « Influence des moyens mécaniques de locomotion sur la production chevaline ; — Les stud-boks ».

Influence des moyens mécaniques de locomotion sur la production chevaline

M. Lavalard. — Au Congrès hippique de l'année dernière, j'ai démontré que la traction mécanique n'avait pas diminué le nombre des chevaux, leur qualité, ni leur valeur ; actuellement, cette dernière est plutôt en augmentation, et les chevaux ne paraissent que rarement sur les foires : ils sont enlevés dans les fermes quand ils répondent aux désirs des acheteurs qui demandent surtout de la vitesse, quel que soit le service auquel on les destine.

Il suffira de relever les prix pratiqués pendant l'année 1905 pour convenir que non seulement ils se sont maintenus, mais qu'ils ont une tendance à s'élever.

Si on a pu constater que le chiffre des automobiles va toujours en augmentant, soit 21.524 en 1905 au lieu de 17.107 en 1904, on a remarqué, en même temps, que les demandes de chevaux ne se sont pas ralenties, pas plus en France qu'à l'Etranger.

Nous parlerons tout à l'heure du développement de la production chevaline en Amérique, malgré une fabrication considérable d'automobiles et l'établissement de nouveaux tramways électriques. Nous avons même lu, dans les derniers journaux américains de tramways, que le trolley était employé à faire circuler des voitures à voyageurs et à marchandises sur les routes, sans rails, en Italie, entre la Spezzia et Portovere. Bien plus, les Américains, à Ashtabula, dans l'Ohio, ont entraîné sur rails une maison entière, comme une simple voiture de remorque, à la suite d'un tramway mû par le trolley (*Street-railway-Journal*, 12 mai 1906).

On voit donc que le développement des moyens mécaniques de transports prend des proportions considérables ; on comprend que, par suite, il exige la production de chevaux *forts* et *vites* pour satisfaire à tous les besoins.

The Hub, journal qui parait à Boston, dit : « Il est stupéfiant de voir l'augmentation du nombre des chevaux aux Etats-Unis, depuis l'année 1899, qui est la première année où ont paru les automobiles :

Années	Nombre de têtes	Valeur en dollars
1899	13.665.307	511.047.813
1900	13.537.524	603.696.442
1901	16.744.723	885.200.168
1902	16.531.224	968.935.178
1903	16.557.373	1.030.705.598
1904	16.736.059	1.136.940.298
1905	17.057.702	1.200.310.020

« Le nombre des chevaux et leur valeur, au 30 juin 1905, ont été pris dans le rapport du Ministère de l'Agriculture à Washington. Et cette statistique démontre que, malgré l'apparition des automobiles et l'extention du trolley, le nombre des chevaux a augmenté dans les six dernières années de 3.392.395 têtes et leur valeur de 689.285.207 dollars. Les dernières ventes à New-York et à Chicago ont prouvé aussi que les prix avaient augmenté de près de 25 pour 100. Le marché de Chicago a vendu 2.816 chevaux en avril 1905, au lieu de 909 en avril 1904. La production totale des voitures à traction animée était de 1.142.000 dollars environ en 1889, elle a toujours été en augmentant jusqu'en 1905, où elle est de 1.600.000 dollars. »

Nous avons reproduit tous ces chiffres pour démontrer que les Américains, qui craignaient, comme nous, de voir remplacer chaque jour le cheval par l'automobile et l'électricité, sont forcés de convenir que ces nouveaux modes de traction ont plutôt développé la production chevaline. Nous n'avons pas à insister aujourd'hui sur les nombreuses preuves que nous en avons données pour l'Europe et surtout pour la France dans nos trois notes précédentes (1900-1903-1905).

On a dit que les foires n'étaient plus fréquentées, mais c'est pour la bonne raison, déjà exposée plusieurs fois par nous, que, par suite de la facilité des communications, les courtiers parcourent généralement les fermes et ne font conduire les chevaux à la foire de la ville que pour les expéditions par chemin de fer, en ce qui concerne les chevaux de commerce et de trait.

Pour les chevaux de demi-sang, c'est la remonte qui les prend d'avance, puisqu'il est maintenant matériellement impossible de trouver dans les fermes un cheval net ayant cinq ans révolus. Et à ce sujet, on nous a affirmé que les foires de Normandie ne sont pas désertées autant qu'on veut bien le dire. Ainsi, celles de Caen comprennent annuellement plus de 7.000 chevaux, et il suffit de voir les nombreuses expéditions par chemin de fer, pour se rendre compte des achats faits avant les foires.

Nous n'hésitons pas à reconnaître que ce sont les éleveurs de demi-sang qui ont le plus à lutter pour les chevaux de luxe, mais nous avons le ferme espoir qu'ils ne se décourageront pas ; les produits si remarquables que nous avons vus au Concours hippique indiquent qu'ils ont tout à espérer d'un élevage aussi suivi et aussi distingué.

A notre avis, c'est ici que les syndicats d'élevage et les écuries coopératives, comme celle du Midi, ont un rôle tout tracé ; il ne sera pas toujours facile, mais il est bien certain que, par leur dévouement désintéressé à la cause chevaline, ils provoqueront la production du cheval à deux fins. Les grandes compagnies de voitures doivent les aider et encourager leurs efforts. (*Applaudissements.*)

STUDS-BOOKS

M. Lavalard. — La seconde question traitée au Congrès hippique de 1905 a été celle des stud-books ou livres généalogiques, et je ne reviendrai pas sur les généralités que j'ai exposées concernant le cheval de pur sang.

Je ne puis que répéter que le Stud-Book du pur sang est le modèle qui devrait servir pour établir celui des autres races : il offre toutes garanties aux éleveurs des chevaux de pur sang.

A la date de novembre 1905, l'Administration des haras a complété les instructions concernant les papiers des animaux de pur sang nés à l'étranger de façon suivante :

« La pièce à fournir consiste en un certificat d'origine établi par les autorités compétentes du pays où est né l'animal. Ce document devra porter l'inscription au stud-book de ce pays et le nom de l'importateur en France.

« Il y a lieu de prévoir les cas particuliers suivants :

« 1° Si le certificat n'est pas établi au nom de la personne qui demande l'inscription, des attestations de vente de chacun des propriétaires successifs au suivant devront être fournies, depuis celui au nom duquel est délivré le certificat jusqu'à celui qui demande l'inscription ;

« 2° Si l'animal a été acheté en vente publique (Etablissement Chéri, Tattersaal ou Sporting français), les mêmes attestations de vente de chacun des propriétaires au suivant jusqu'à celui qui met en vente seront nécessaires. L'attestation de ce dernier serait remplacée par un certificat du directeur de la vente portant le nom de ce vendeur et celui de l'acheteur qui demande l'inscription ;

« 3° S'il s'agit d'une jument provenant de réforme de l'armée, il y aura lieu de présenter :

« *a)* Les mêmes attestations de vente de chaque propriétaire au suivant, y compris celle du propriétaire qui a vendu à la remonte militaire ;

« *b)* Un certificat de l'autorité militaire compétente, constatant la mise en vente après réforme ;

« *c)* Une déclaration du fonctionnaire des finances compétent, attestant l'adjudication à la suite de la mise en vente après réforme. »

Par ces détails, on peut se rendre compte des garanties que présentent ces mesures ajoutées à celles déjà existantes, pour affirmer la pureté d'origine de tous les chevaux de pur sang inscrits au Stud-Book français.

Nous n'en dirons pas autant pour le cheval de demi-sang. L'année dernière, nous avons exposé dans quelle situation se trouvaient les stud-books concernant ces chevaux ; nous ne savons pas si on a tenté de les remettre en vigueur, ni les résultats obtenus. Nous y reviendrons lorsque nous discuterons la situation faite à cette catégorie de chevaux, à propos de l'élevage, de l'entraînement et de la mise en vente.

Lors de la réunion de la section qui s'occupe de la production chevaline à la Société des agriculteurs de France, on nous a attribué *un tableau de l'état de l'industrie chevaline, duquel il ressort que tout est pour le mieux dans le meilleur des mondes, etc.* Cela n'est pas exact, et nous avons toujours dit et répété que l'élevage hippique du demi-sang laissait à désirer, non au point de vue des soins qu'y apportent les éleveurs, mais bien au point de vue des débouchés, qui auraient besoin d'être élargis. Mais nous réservons cette grosse question pour un autre congrès, espérant que d'ici là nous verrons se produire certaines modifications capables de donner un nouvel élan à la production du cheval de demi-sang français, qui est certainement l'un des plus remarquables élevages de notre pays. Les étrangers en conviennent, et il ne faudrait pas perdre de vue tous les efforts faits par nos voisins les Anglais, les Allemends les Belges et les Hollandais pour chercher non seulement à produire de bons chevaux de selle et de luxe, mais encore à venir acheter chez nous nos meilleurs poulains, qu'ils dressent et entraînent pour nous les revendre à gros deniers. Les Américains aussi ont compris qu'il y avait quelque chose à faire dans cette voie, et ils cherchent aujourd'hui à nous démontrer que leur climat et leur agriculture perfectionnée leur permettront de nous expédier à un moment donné des hackneys et des hunters.

Mon honorable contradicteur ne nie point cependant que

nos trotteurs ont de grands mérites et prennent de hautes valeurs sur notre marché.

Nous remettons donc à un autre congrès la discussion concernant le cheval de demi-sang, et nous vous demandons aujourd'hui la permission d'entrer dans quelques explications concernant nos races de trait, qui donnent des résultats tels que tous les pays d'élevage veulent les produire.

Comme nous l'avons dit l'année dernière, il a été établi des stud-books pour les races percheronne, boulonnaise, bretonne, ardennaise et pour d'autres races diverses, dont nous aurons à nous occuper tout à l'heure.

Ici, nous ne trouvons plus cette rigueur dans la tenue des livres généalogiques que nous vantions plus haut pour le cheval de pur sang.

Si nous consultons le premier stud-book que Gayot a malheureusement fait établir par la Société des agriculteurs de France, et les stud-books successifs dressés par diverses associations, au fur et à mesure que les étrangers en ont réclamé l'établissement, nous voyons que les conditions d'inscription, que nous avons relatées dans le rapport de 1905, n'ont pas toujours été observées avec une grande sévérité. C'est ce qui explique pourquoi des étrangers, surtout les Américains, demandent, dans leurs journaux hippiques, qu'il soit établi un seul stud-book, comme le voulait Gayot, pour le cheval de trait en France, de même qu'ils n'ont établi qu'un seul stud-book pour leurs trotteurs, soit qu'ils proviennent des chevaux Hamil-tonian, Morgan, Mambrino et autres. Dans cette idée, ils voudraient que nous nous en tenions au Stud-Book des Agriculteurs de France, de même que les Belges n'ont qu'un seul stud-book. L'idée n'est pas juste, en ce sens que nos chevaux de trait ont plusieurs origines, qui ne permettent pas une pareille assimilation. Nous reviendrons sur cette question lorsque nous aurons exposé brièvement quelle est la situation générale actuelle.

Comme nous venons de le dire, en Amérique, c'est la pro-duction chevaline, comparée aux autres élevages (Live Stock), qui a pris le plus grand développement dans ces dernières années, aussi bien en qualité qu'en valeur pour toutes les classes de chevaux : luxe, selle et trait ; vous avez vu que le gain moyen annuel pour la vente de chacune de ces classes a été très accentué, et la statistique qui comptait 17.057.702 chevaux en 1905 s'est élevée à 18.718.578 au 1er janvier 1906, d'après le Census établi par le Gouvernement américain.

Et parmi les différents élevages, c'est surtout celui du cheval de trait (Draft) qui éveille l'attention des éleveurs américains.

Aussi bien pour le travail à la campagne que pour celui du transport dans les villes, on recherche les attelages les plus beaux et les plus chers. C'est ainsi que Armour and Cᵒ n'a pas hésité à payer 660 dollars (soit 3.300 fr.) un cheval hongre de trait, et Pabst Brewing Company 1.300 dollars (soit 6.500 fr.) une bonne paire bien appareillée de chevaux de trait.

Dans notre compte-rendu à la Société nationale d'agriculture des dernières expositions de chevaux à Chicago et à New-York, nous avons noté l'enthousiasme des éleveurs américains pour les chevaux importés et élevés dans le pays, et surtout fait remarquer que, revenant sur leurs anciennes préférences, ils sembleraient accorder plus de choix pour les chevaux de trait plus légers, pouvant se livrer aux allures vives. Ils ont même été jusqu'à réclamer que le droit de douane sur les étalons importés soit établi à un chiffre assez élevé pour encourager l'élevage indigène des chevaux de trait de pure race.

Ils estiment qu'un droit de 50 à 100 dollars n'aurait pas une très grande influence, d'autant plus que les importateurs sont des courtiers qui vendent très cher les chevaux importés, pour la raison que les fermiers ne paient pas comptant et préfèrent les payer même le double, après un plus ou moins long délai qui va quelquefois jusqu'à plusieurs années.

On peut se rendre compte des ressources de l'élevage des chevaux en Amérique en jetant un coup d'œil sur l'Exposition internationale qui s'est tenue à Chicago du 16 au 23 décembre 1905 et où se trouvaient réunis les animaux parus dans un grand nombre d'expositions locales.

Cette exposition a eu un très grand succès pour toutes les races ; il suffira d'énumérer le nombre de sujets des différentes races européennes de trait qui y ont pris part pour se rendre compte de l'intérêt qu'elles suscitent chez les éleveurs américains.

Voici, à peu près, les entrées à ce concours (the international Horse show) dans les classes des chevaux de trait et de voiture :

Chevaux français,	208	Percherons	102
		Chevaux de trait . . .	57
		Chevaux de voitures. .	49
Chevaux anglais,	227	Clydesdale	104
		Shire	75
		Hackney.	36
		Shetland.	12
Chevaux belges . . .		. . . .	93
Chevaux allemands. .		. . . .	50

Si on retranche des chevaux anglais les Hackney et les Shetland, on voit que c'est la France qui figurait le mieux dans cette exposition internationale avec ses meilleurs chevaux de trait. Il y a lieu de noter que les chevaux se sont vendus à de bons prix et que les étalons français faisaient prime.

Nous ne devons pas non plus passer sous silence les nouvelles organisations qui se forment en Amérique, concernant le classement des chevaux. Elles doivent encourager l'élevage indigène en unifiant les différentes races étrangères.

C'est ainsi qu'il s'est formé une association qui réunit les deux anciennes associations du cheval percheron et du cheval de trait français. Nous ne voyons pas avec plaisir cette fusion, car, à notre avis, elle permettra à certains chevaux de prendre la qualification de notre beau cheval percheron ou boulonnais, sans en avoir peut-être les qualités si remarquables.

Les deux stud-books n'en forment plus qu'un seul, qui portera le nom de l'association nouvelle, c'est-à-dire : « Percheron Society of America ».

Voici le nouveau règlement qui consacre l'union de la Société du percheron d'Amérique (Percheron Society of america) et de l'Association nationale du cheval de trait français (National french Draft horse Association).

1° L'Association unifiée portera le nom de Société percheronne d'Amérique (Percheron Society of America).

2° Le stock de chaque association formera un nouveau stock dans l'Association unifiée donnant à chaque membre des anciennes associations les mêmes droits qu'ils possédaient dans les deux anciennes.

3° L'Association nationale du cheval de trait français conservera ses fonds et ses propriétés, à l'exception de ses records (archives), qui deviennent la propriété de l'Association unifiée.

4° Tous les membres de l'Association unifiée seront également responsables des engagements de la vieille Association percheronne ou de la Société percheronne d'Amérique.

5° Les associations réunies devront accepter, pour les inscrire dans leurs stud-books, tous les animaux qui sont régulièrement inscrits à cette date dans les deux stud-books originaux.

6° Tous les animaux qui sont maintenant enregistrés dans les studs-books de la Société percheronne d'Amérique (P. S. of A.) seront maintenus comme actuellement.

7° Tous les animaux qui sont maintenant enregistrés dans le nouveau registre du cheval de trait français (N. R. of F. D. H.) et non inscrits dans les studs-books de la Société percheronne d'Amérique (P. S. of A.), prendront les numéros suivants, comme ceux qui feront l'objet de nouvelles déclarations, et recevront des certificats réguliers sans faire de nouvelles déclarations.

Nous ne pouvons approuver cette fusion, et les éleveurs américains auraient dû laisser leur caractère à chacune de nos races, qui ont leurs qualités spéciales et si remarquables. Il faut bien reconnaître que nous avons une certaine responsabilité dans cette affaire : nous voulons dire que nos races de trait tendent à se confondre, par suite du peu de soin apporté dans le choix des étalons. Nous l'avons constaté au concours et au congrès hippiques de 1905, et nous sommes heureux de dire qu'il y a une grande amélioration pour les chevaux présentés en 1906.

Si nous nous sommes étendus aussi longuement sur la situation qui est faite à nos chevaux à l'étranger, c'est pour indiquer aux éleveurs français la conduite qu'ils ont à tenir dans ces circonstances fâcheuses. Ils doivent apporter leurs plus grands soins à la tenue des stud-books des différentes races, éviter les mélanges, et surtout ne pas prêter le flanc à ces confusions, qui s'étaient déjà produites en 1885, et qui avaient provoqué, de la part des Américains, une enquête qui avait tourné en notre faveur.

Mais si nous regrettons de voir les étrangers opérer ainsi la fusion de nos belles races françaises, ne commettons pas la faute opposée qui consisterait à multiplier le nombre des stud-books, c'est-à-dire d'en dresser un par département.

C'est malheureusement la tendance actuelle et nous devons rappeler ici quelle est l'origine et l'aire géographique des vraies races de trait françaises; nous nous servirons pour cela des études si consciencieuses de Piétrement et de Sanson.

Chacune de ces races peut et doit avoir un stud-book et alors nous pourrons arriver, par une sélection sévère, à créer les meilleurs types, qui prendront d'autant plus de valeur.

Ces races sont au nombre de quatre :

1° Les variétés percheronnes de la race séquanaise (*Equus caballus sequanius*) ;

2° Les variétés boulonnaises de la race britannique (*E. C. britannicus*) ;

3° Les variétés bretonnes de la race irlandaise (*E. C. libernicus*) ;

4° Les variétés ardennaises de la race belge (*E. C. belgius*).

Quelle que soit la contrée où les conditions peuvent être favorables pour l'élevage, on devrait donc établir les stud-books en s'inspirant des origines des races. La tentative faite par le département de la Nièvre est très intéressante et mérite tous les encouragements, surtout parce qu'elle a été entreprise avec des ressources assez restreintes par des hommes tels que MM. de Bouillé, Signoret et Maringe. Elle arrivera peut-être, avec le temps, à constituer une bonne variété du cheval de trait français, bien que celle-ci participe des races citées plus haut et plus particulièrement du percheron. Aussi les éleveurs devront-ils s'attacher à sélectionner leurs reproducteurs, et ce n'est pas parce qu'ils seront noirs qu'ils créeront de bons produits et toujours des chevaux noirs. Nous l'avons déjà démontré plusieurs fois, la couleur ne signifie rien, et aujourd'hui les Américains, le comprenant, reviennent à demander des chevaux ayant les couleurs primitives de la race. Dans ces derniers temps, il a été acheté des étalons et surtout des juments gris-foncé et gris de fer. Que le Nivernais établisse un stud-book, variété percheronne, et il sera dans la vérité.

Maintenant, que dire du département du Nord qui veut créer un stud-book du cheval de trait dans le département, quand il a le cheval boulonnais dont la race est si bien caractérisée? Nous ne pouvons certes applaudir à cette création inopportune.

Nous avons exposé les tendances des Américains qui étaient arrivés à avoir cinq stud-books percherons, sans compter ceux des autres chevaux de trait français et des autres races étrangères. Ils sont revenus à des idées plus justes, peut-être même un peu trop exclusives.

Il ne faudrait donc pas, par la multiplication des livres généalogiques, porter un nouveau trouble dans l'élevage français, ce qui serait certainement au détriment du marché.

Il ne faut pas oublier que les étrangers, et surtout les Belges, font valoir l'unité de leurs stud-books.

Nous devons donc conclure : 1º que la situation actuelle du cheval de trait français, quelle que soit sa race, doit être perfectionnée par une sélection attentive, indiquée par un stud-book bien tenu et ne prêtant à aucune critique ;

2º Que nous devons produire le plus possible nos belles races françaises dans les expositions étrangères, installer à l'étranger des agences et même des dépôts, car il y a tout avantage à comparer les services de nos chevaux avec ceux des chevaux de trait des autres pays ;

3º Faire paraître, dans les différentes langues étrangères, des notices sur nos races, sur nos concours et nos congrès, etc. (*Vifs applaudissements.*)

M. le Président. — J'allais donner la parole à M. Viseur, qui était également inscrit pour exposer la question des studs-books, mais notre collègue demande que son exposé soit remis à demain.

Il n'y a pas d'opposition ?...

Il en est ainsi ordonné.

Quelqu'un demande-t-il la parole sur la communication de M. Lavalard ?...

M. Viseur. — Je demande la parole.

M. le Président. — La parole est à M. Viseur.

M. Viseur. — Messieurs, je ne puis laisser passer sans protestation les paroles que M. Lavalard vient de prononcer et qui laisseraient croire que la race chevaline boulonnaise descend d'une race britannique. Cette théorie d'une race britannique qui aurait occupé, avant la disjonction de la Grande-Bretagne d'avec la Gaule, l'espace représenté aujourd'hui par la Manche et le détroit du Pas-de-Calais, a été formulée, il y a un demi siècle environ, par M. Sanson ; mais je crois en avoir fait documentairement justice, dans « l'Histoire du Cheval boulonnais », en montrant qu'elle est contraire à la vérité historique, aux données de la paléontologie et à la réalité des choses, de l'un et de l'autre côté du détroit.

L'histoire dit, en effet, que l'ancienne Morinie, l'aire initiale de la race boulonnaise, ne représentait qu'une continuité de forêts et de marécages (1) et Jules César, qui décrit si exactement la vie et les productions des peuples qu'il soumettait, n'y signale sur aucun point la présence du cheval. Mais il note qu'il s'était fait suivre d'une nombreuse cavalerie recrutée dans les provinces romaines d'Asie, d'Afrique, en Ibérie et dans la Gaule méridionale — les premiers ascendants du cheval morin ou boulonnais — ; qu'à sa seconde incursion en Grande-Bretagne, il embarqua deux mille chevaux avec lui, et en laissa deux mille à Labienus pour surveiller la côte et protéger au besoin son retour.

La paléontologie n'est pas plus favorable à la théorie rééditée par M. Lavalard. Aucune carrière, aucune fouille n'a montré trace d'une « race britannique » et les trois têtes d'équidés figurant au musée de Boulogne, retirées des profondeurs de l'estuaire de la Liane, appar-

(1) *Commentaires de la Guerre des Gaules.* Livre III, chap. XXVIII.

tiennent à *des types divers* d'immigrants ; elles étaient, de plus, mêlées, dans leur enlisement, à des poteries gallo-romaines écartant toute pensée d'origine préhistorique.

Et l'étude des races de trait de l'Angleterre, constituées en immense majorité par des exodes des races avoisinant le littoral de la mer du Nord, de la Baltique ou venues de plus loin encore vers le Nord-Est, ne permet pas à l'anatomiste et au zootechnicien de penser qu'entre elles et le boulonnais il y ait de proches liens de parenté et de filiation.

M. Lavalard. — Je ne veux pas entrer dans le détail de cette discussion, qui pourrait nous entraîner très loin. Je n'ai pas cherché à démontrer que la race boulonnaise était une race britannique ; j'ai cité l'opinion de deux hommes qui se sont spécialement occupés de la question : Piétrement et Sanson.

Je veux d'autant moins discuter, que j'ai récemment reçu de Cambridge un ouvrage excessivement curieux, de nature à modifier toutes nos croyances au point de vue des origines. Pour vous donner une idée de l'esprit dans lequel est fait cet ouvrage, je puis vous dire, par exemple, qu'on cherche à y démontrer que le cheval asiatique n'a jamais existé et que c'est le cheval barbe qui est le cheval anglais.

Je n'ai donc pas commis d'erreur ; je me suis simplement placé au point de vue d'une classification qui est nécessaire.

M. le Président. — La question scientifique qui s'agite en ce moment présente évidemment un grand intérêt, mais elle est un peu en dehors des délibérations du Congrès, puisqu'elle nous entraînerait à faire de la paléontologie. Tous les droits sont respectés et je crois qu'il est utile qu'en prenant acte de la discussion très courtoise qui vient d'avoir lieu, nous passions à la communication de M. Baume.

M. Baume. — Nous nous étions émus l'année dernière de l'interruption des stud-books ; j'ai une bonne nouvelle à annoncer au Congrès, c'est qu'il y en a un en préparation. Mon collaborateur et ami M. Cauchois, secrétaire de la rédaction de la *France Chevaline*, s'est occupé, il y a cinq ou six mois, avec deux employés choisis spécialement par lui, de la confection d'un stud-book des demi-sang trotteurs.

L'ouvrage s'appellera « Stud-Book Trotteur » et paraîtra au commencement de l'année 1907. Il contiendra la liste de tous les chevaux français ayant trotté le kilomètre en moins de 2' depuis la création des courses au trot (1836), avec l'origine complète et la meilleure performance de chacun d'eux.

Cette liste comprendra, à la fin de la présente année, environ 8.000 noms. On peut déjà juger par là de l'importance de ce travail.

La *production trotteuse* sera indiquée à chaque étalon ou jument qui auront donné un ou plusieurs animaux ayant trotté en moins de 2'.

En ce qui concerne les juments ayant trotté en moins de 1'50", ou ayant donné un produit en moins de 1'50", le Stud-Book trotteur indiquera en outre la *production complète* de chacune d'elles, ainsi que le nom du propriétaire et la résidence.

Ce sera donc un ouvrage complet qui, avec tous les renseignements qu'il comportera, sera même plus qu'un stud-book trotteur, mais une véritable encyclopédie de la race trotteuse en France.

Ce stud-book a été commencé il y a sept ans et interrompu à cause du travail considérable qui en résulte. Repris à la fin de l'année dernière, il ne peut être achevé qu'au commencement de 1907, avec tous les renseignements mis à jour.

L'établissement de ce stud-book, tel qu'il vient d'être énoncé, nécessite plus de 50.000 fiches d'animaux !

L'année dernière, nous avons abordé une question intéressante au sujet de laquelle vous avez émis un vœu : je veux parler d'un nouveau modèle de cartes de saillies.

M. Caze, notre président toujours si dévoué, a bien voulu me ménager une entrevue avec M. le Ministre de l'Agriculture et nous avons tout lieu d'espérer que cette réforme utile s'accomplira au commencement de l'année prochaine. Il s'agit de faire un nouveau modèle de cartes de saillies laissant plus de place pour indiquer les origines, car sur les cartes actuelles, il n'y a guère que deux lignes pour les mentionner.

Nous avons également entretenu M. le Ministre de notre désir de voir indiquée d'une façon plus complète l'origine des étalons et, sur ce point encore, nous avons lieu d'espérer que nous aboutirons. (*Très bien ! Très bien !*)

M. le Président. — Au nom du Congrès, je remercie M. Cauchois du travail dont il a pris l'initiative. Ce travail montre une intention très nette d'entrer dans la voie qu'indiquait l'année dernière et qu'indique encore cette année avec tant de justesse M. Lavalard, voie qui a recueilli l'adhésion unanime du Congrès : à savoir la nécessité de constituer des stud-books pour chaque race. Il faut souhaiter que l'Etat puisse, par l'examen et l'approbation de la Commission du Stud-Book, donner au travail de M. Cauchois une sorte d'estampille officielle, et lui apporter ainsi des garanties certaines d'authenticité, de façon que notre élevage, à l'aide de ces généalogies, ait les facilités d'affirmer de plus en plus la valeur de ses produits et le résultat de ses efforts de sélection, ce qui est évidemment l'objectif d'une production de plus en plus intensive. (*Approbation.*)

Personne ne demande plus la parole sur les stud-books? L'ordre du jour appelle la question de l'alimentation du cheval.

La parole est à M. Grandeau.

L'alimentation du cheval

M. L. Grandeau. — Messieurs, l'an dernier, répondant à l'invitation des organisateurs du premier Congrès hippique, j'ai eu l'honneur de vous entretenir des résultats de l'application, à l'alimentation de la cavalerie de la Compagnie générale des voitures, du principe des substitutions de denrées dans la ration du cheval de service.

Après avoir rappelé le plan général et les conditions d'exécution des expériences poursuivies depuis vingt-cinq ans au laboratoire de recherches de la Compagnie, je vous ai fait connaître l'importance des économies que l'introduction de la pratique rationnelle de substitutions de denrées, basées à la fois sur la composition, sur la valeur nutritive réelle et sur le prix des divers aliments, permet de réaliser, tout en maintenant les animaux en parfait état, et en obtenant d'eux le maximum de travail utile.

La Commission permanente du Congrès que vous avez instituée en vous séparant l'an dernier, m'a demandé de vous entretenir, aujourd'hui encore, de la question des substitutions. Je me rends à son appel.

Afin de ne pas abuser de vos instants et pour vous permettre de suivre aisément les quelques considérations que je désire vous présenter sur l'application pratique, aux calculs des rations du cheval, des résultats de nos expériences, j'ai cru utile de vous faire distribuer deux tableaux résumant les données qui servent de bases à ces calculs.

Un très grand nombre d'analyses de diverses denrées entrant dans l'alimentation des animaux (plus de 35.000) ont été effectuées au laboratoire de la Compagnie générale, de 1880 jusqu'à ce jour.

Nos longues séries d'expériences sur le cheval nous ont permis de déterminer la digestibilité de vingt de ces denrées : la discussion des résultats qu'elles ont donné nous a conduits à dresser le tableau I où se trouvent consignés les chiffres qui représentent la composition moyenne des fourrages, en principes nutritifs bruts et en principes digestibles (1). En jetant un coup d'œil sur ce tableau, vous verrez, du côté gauche, l'indication de la teneur centésimale moyenne des denrées, en chacun des groupes de subtances qui les constituent, savoir :

Eau.
Cellulose et ligneux.

Matières azotées
{ Albuminoïdes.
Non albuminoïdes.
Totales.

Matières grasses.

Matières non azotées
(Hydrocarbonées).
{ Amidon.
Sucres et congénères.
Totales.

Un simple coup d'œil montre les écarts considérables que présentent les denrées alimentaires du bétail, dans leur teneur en chacun des éléments envisagés.

		Différence par 100 k⁰ˢ d'aliment
Eau	6.43 (drèch. sèc.) à 24.91 (tourbe mélassée)	18.48
Cellulose.	4.05 (cossettes) à 30.79 (blé)	26.74
Mat. azotées totales.	4.53 (caroubes) à 28.44 (remoul. de fèves)	23.91
Matières grasses. .	0.37 (caroubes) à 9.75 (drèches sèches)	9.38
Mat. non azotées. .	42.74 (tourteaux) à 73.93 (cossettes)	31.19

Ces écarts suffiraient, s'il en était besoin encore, à démontrer les erreurs considérables que l'on commettrait, en basant sur le poids brut des denrées, sans tenir compte de leur composition, les substitutions de l'une à l'autre, dans la ration de l'animal.

Les chiffres de cette moitié du tableau nous renseignent sur la composition générale des denrées, mais ils ne donnent pas la mesure exacte de leur valeur alimentaire. Celle-ci peut être indiquée seulement par la détermination de la digestibilité de chacun des principes immédiats (protéine, amidon, cellulose, etc.) dont l'assemblage constitue le fourrage, c'est-à-dire par la connaissance des quantités réellement digérées de ces principes.

L'organisme animal, en effet, ne s'entretient et ne s'accroît qu'à l'aide d'une partie seulement des éléments de la ration dont il dispose. C'est l'expérience directe seule qui permet d'établir

______

(1) On trouvera ce tableau à la fin du volume (Voir aux annexes).

la proportion des principes *digestibles* contenus dans les aliments. Il est, d'après cela, indispensable de baser le rationnement, non sur le poids brut des aliments, mais sur la quantité réellement utilisée, par l'animal, de chacun des éléments nutritifs qu'ils renferment et qui seuls concourent à la nutrition de l'organisme. On nomme *coefficients de digestibilité* les nombres qui expriment la proportion centésimale d'utilisation de chacun des principes nutritifs d'une denrée alimentaire.

Prenons comme exemples, pour fixer les idées, le maïs et le foin.

L'analyse du maïs indique que ce grain renferme, sur 100 parties, 9.32 parties de matière azotée ; on trouve de même que 100 parties de foin en contiennent 6.82.

D'autre part, l'expérience nous a montré que le cheval digère 60.8 p. 100 de la matière azotée du maïs, tandis qu'il assimile 42 p. 100 seulement de la matière azotée du foin. On dit, d'après cela, que le coefficient de digestibité de la matière azotée du maïs est de 60.8, celui du même principe n'étant, dans le foin, que de 42 ; et ainsi de suite pour la cellulose, l'amidon, etc. Les chiffres qui expriment les coefficients de digestibilité, résultent de la comparaison des quantités de principes nutritifs contenus dans le fourrage consommé, avec celles qu'on retrouve dans les fèces et qui, par suite de leur élimination, ne prennent aucune part à la nutrition de l'animal.

C'est en appliquant à chacune des denrées inscrites dans le tableau I les coefficients de digestibilité résultant de nos longues séries d'expériences, que nous avons pu dresser les chiffres de la moitié droite de ce tableau. On voit, dans les exemples que je viens de choisir, — maïs et foin — que 100 grammes de ces fourrages apportent, respectivement, à l'animal 5 gr. 667 et 2 gr. 868 de substance azotée *digestible*.

Rien ne pourrait plus clairement montrer l'erreur qu'on commettrait en remplaçant, à poids égaux, le maïs et le foin dans la ration d'un animal. Le même raisonnement s'appliquerait à tous les principes nutritifs des différents aliments du bétail.

On ne doit donc tenir compte, dans le calcul des rations, que du poids des éléments digestibles qu'elles renferment.

Permettez-moi, Messieurs, d'attirer votre attention sur diffé-

rentes colonnes du tableau I et de préciser la signification des ·
chiffres qui y sont inscrits.

Comme vous le savez, on divise en deux groupes bien tranchés les principes nutritifs des aliments : l'un, caractérisé par la présence de l'azote, comprend l'albumine et ses congénères, rangés sous la rubrique *matières azotées* ; l'autre, totalement dépourvu d'azote, est constitué par des combinaisons diverses de carbone, d'hydrogène et d'oxygène (cellulose, amidon, sucres, graisse) ; on lui assigne le nom général de *matières non azotées*.

Dans le dernier groupe, on distingue encore, d'après leur constitution chimique, deux classes de substances alimentaires : l'une comprend les composés de carbone, d'hydrogène et d'oxygène, dans les proportions où ces deux gaz sont unis pour former l'eau (sucres, amidon ou fécule, cellulose) ; on leur donne le nom d'*hydrocarbonés*, pour rappeler leur constitution. L'autre classe, corps gras ou graisses, diffère de la précédente en ce que le carbone, l'hydrogène et l'oxygène s'y trouvent autrement associés ; les matières grasses renferment une proportion d'hydrogène beaucoup plus élevée et dégagent, en brûlant, environ deux fois et demie plus de chaleur que les substances hydrocarbonées.

Les expériences des physiologistes et les observations des praticiens ont conduit à démontrer que la valeur de la matière grasse digestible est sensiblement équivalente, au point de vue de la nutrition, à deux fois et demie (2.44) celle du même poids d'amidon et de sucre. D'après cela, on exprime (voir colonne 13 du tableau I) la teneur en graisses digestibles d'un fourrage, par le poids de la substance grasse multiplié par le coefficient 2.4. On obtient ainsi un nombre qu'on peut ajouter directement au chiffre des matières non azotées digestibles, ce qui simplifie les calculs relatifs à la fixation de la composition des rations.

Prenons comme exemple l'avoine. Sa teneur centésimale en matières non azotées totales digestibles s'établit comme suit :

Pour 100

Col. 14 : Matières non azotées digestib. (amidon, sucre, etc.) $= 37.390$
   Cellulose digestible. . . . . $= 3.302$
   Matière grasse (3.137×2.4). . . . . $= 7.507$

      Matières non azotées totales. $= 48.199$

100 parties d'avoine renferment (col. 12) 6.743 de matières azotées digestibles : la relation nutritive de cette denrée (col. 19) se calcule en divisant la somme des matières non azotées digestibles par le poids des matières azotées digestibles :

$$\frac{48.199}{6.743} = 7.188$$

On l'exprime par le rapport $\frac{1}{7.188}$ qui indique que, pour 1 de matière azotée digestible, l'avoine renferme 7.188 de substances non azotées digestibles (col. 19) ; et ainsi de suite pour toutes les denrées du tableau I.

Jetons, si vous le voulez bien, messieurs, un coup d'œil sur la colonne 15 du tableau I, pour préciser le sens des nombres qu'elle renferme.

Ayant déterminé, dans nos longues recherches expérimentales sur le cheval, les poids des substances hydrocarbonées, grasses et azotées, *réellement digérées* par l'animal, nous avons résumé, sous la rubrique : « *Unités nutritives* », la somme des poids de principes nutritifs utiles contenus dans 100 parties — 100 kilogrammes, par exemple — de chacune des denrées.

Considérons l'avoine ; elle contient, en éléments digestibles, par 100 kilogrammes :

	kilos	unités digestives
Cellulose digestible	3.362 =	3.362 (col. 10).
Graisse, calculée en amidon.	7.507 =	7.507 (col. 13).
Matières non azotées, amidon, etc. . .	37.390 =	37.390 (col. 14).
Matières azotées . . . . , ...	6.743 =	6.743 (col. 12).
Total.	54.942 =	54.942 (col. 15).

100 kilos d'avoine représentent donc 54,942 unités nutritives.

La comparaison des chiffres inscrits dans la colonne 15 montre quelles différences considérables présentent les denrées alimentaires, dans leur valeur exprimée en unités nutritives ; les extrêmes sont :

Caroube. . .	75.7	unités par 100 kilogrammes.
Paille de blé .	23.36	— —

L'écart, par 100 kilog., est de 52.34 unités

Rien ne saurait, mieux que ces chiffres, mettre en évidence

la nécessité de prendre, comme base de l'établissement des rations du bétail, l'analyse des denrées et la détermination de la digestibilité des principes qui les constituent ; on voit également de quelle utilité sont les données de la colonne 15, pour pratiquer les substitutions rationnelles d'un aliment à un autre. Nous allons y revenir dans un instant en examinant le tableau II, mais j'ai encore quelques remarques à vous présenter sur les chiffres des colonnes 16, 17 et 18 du premier tableau : *Valeur calorifique des aliments.*

L'expérience a appris que la quantité de chaleur dégagée dans la combustion des principes nutritifs des aliments sert de mesure à leur valeur physiologique (énergétique). Cette valeur s'exprime en *calories*. (La calorie est la quantité de chaleur nécessaire pour élever de 1° la température de 1 gramme d'eau). Les physiologistes ont établi, par des expériences calorimétriques directes, la valeur calorifique d'une unité de chacun des principes nutritifs *digérés*, — un gramme par exemple — c'est-à-dire la quantité de chaleur ou d'énergie, ce qui est tout un, produite dans l'organisme par un gramme de matière azotée, de substance hydrocarbonée (sucre, amidon, cellulose saccharifiable) ou graisse.

Pour les deux premiers groupes de principes nutritifs (matière azotée et substance hydrocarbonée), cette valeur est égale à 4.1 (quatre calories, un dixième) ; pour la graisse, elle est de 9.3 (neuf calories, trois dixièmes). On déterminera, d'après cela, la valeur calorifique d'un aliment en multipliant, respectivement, par les coefficients 4.1 et 9.3 les teneurs de cet aliment en albumine, amidon, sucre, cellulose saccharifiable et graisse.

C'est de cette manière qu'ont été établis les nombres inscrits dans les colonnes 16, 17 et 18 du tableau I.

Un coup d'œil jeté sur la colonne 18 de ce tableau montre les écarts, parfois très sensibles, que présentent les aliments, au point de vue de leur valeur calorifique.

En appliquant les nombres de la colonne 18, à chacune des quantités des aliments qui composent les rations, on connaît ainsi, à l'aide de quelques calculs très simples, la valeur calorifique totale de la ration qu'on envisage.

Si l'on a déterminé, par la bascule, le poids de l'animal, on en déduit le nombre de calories qui lui est fourni par la ration. On rapporte, d'ordinaire, ce nombre à 100 kilogrammes de poids vif de l'animal.

Passons, si vous le voulez bien, à l'examen du tableau II (1).

Les aliments du bétail y sont classés par ordre décroissant du nombre d'unités nutritives que renferment 100 parties de chacun d'eux.

La caroube qui, à poids égal, contient le nombre le plus élevé d'unités nutritives, est prise pour unité et égalée à 100.

Ce tableau permet, sans aucun calcul, de connaître les poids de chacune des denrées qui peuvent être substituées les unes aux autres dans une ration, sans en modifier la valeur alimentaire.

Supposons, par exemple, qu'on veuille remplacer, en tout ou partie, l'avoine par le maïs : on n'a qu'à chercher dans la ligne horizontale, en tête de laquelle est inscrit le mot *avoine*, le nombre qui figure dans la colonne verticale intitulée *maïs* ; on lit ainsi 82.377, ce qui indique que 100 grammes d'avoine doivent être remplacés, au point de vue de leur valeur nutritive, par 82 gr. 377 de maïs. Et ainsi de suite, pour la substitution, les unes aux autres, de chacune des denrées alimentaires inscrites dans le tableau II.

. Il me reste à vous présenter quelques courtes remarques sur le côté économique de la question, c'est-à-dire sur le coût de l'unité nutritive dans les divers fourrages.

Pour le cultivateur, le propriétaire ou l'exploitant de chevaux de trait, le prix de revient de la ration journalière de l'animal présente un intérêt sur lequel il est inutile d'insister. S'il s'agit d'écuries ou d'étables considérables, à plus forte raison, il importe grandement, au succès de l'entreprise, de tenir compte des économies réalisables par les substitutions de denrées dans l'établissement des rations. C'est la fixation du coût de l'unité nutritive, dans les différents fourrages, rapprochée du nombre d'unités nutritives que renferment ces fourrages, qui permet de prévoir l'économie résultant du remplacement, à équivalence nutritive, d'une denrée par une autre.

Le coût de l'unité nutritive s'obtient par une simple division :

Connaissant le prix auquel on peut se procurer le quintal

<hr>

(1) Ce tableau est inséré aux annexes, à la suite du tableau I.

d'un fourrage, il suffit de diviser la valeur argent des 100 kilos, par le nombre d'unités nutritives de l'aliment.

100 kilos d'avoine coûtent-ils 19 francs, le tableau I nous indiquant qu'ils représentent 54.942 unités nutritives, le prix de revient de l'une d'elles sera égal à $\dfrac{19\ \text{fr.}}{54.942} = 0$ fr. 345. Et de même pour toutes les autres denrées.

Le prix de l'unité nutritive varie nécessairement, d'une année à l'autre, d'une région de la France à une autre ; il diffère aussi essentiellement, d'une denrée alimentaire à une autre, dans la même année et dans le même lieu. Pour vous donner une idée de ces variations, je réunis dans le tableau ci-dessous les chiffres relatifs aux denrées consommées en 1905 par la cavalerie de la Compagnie générale des voitures à Paris.

Désignation des denrées	Prix du quintal 1905	Coût de l'unité nutritive
	fr. mill.	fr. mill.
Foin.	8.162	0.244
Paille d'avoine	3.543	0.131
Pail'Mel	9.693	0.194
Tourteaux.	11.625	0.244
Avoine	16.402	0.300
Maïs.	17.704	0.265
Pois.	13.417	0.235
Orge.	18.109	0.302
Granules	12.602	0.222
Caroubes	13.149	0.174
Pain mélassé.	10.704	0.180
Son	12.060	0.192
Cossettes de betteraves . . .	19.200	0.279

Le maximum du coût de l'unité nutritive se rencontre dans les graines et grains (avoine, orge, maïs, pois). En général, c'est dans les aliments industriels que le prix de revient de l'unité nutritive est le plus faible.

Sans avoir épuisé la question du calcul des rations alimentaires du cheval, je pense vous avoir exposé les principes sur lesquels il repose, et si les considérations que j'ai eu l'occasion de vous présenter peuvent être utiles à quelques-uns de nos collègues, je m'en estimerai heureux, restant d'ailleurs à votre disposition pour vous fournir les compléments d'information qui n'ont pu trouver place dans cette exposition déjà bien longue, peut-être, à votre gré. (*Vifs applaudissements.*)

Si je ne craignais de fatiguer votre attention, je vous demanderais de m'accorder encore quelques instants pour vous entretenir d'une question qui, sans avoir un lien étroit avec le sujet que je viens de traiter, intéresse, je crois, beaucoup d'entre vous. Cette question, malgré sa grande importance, n'a fait jusqu'ici l'objet, que je sache, d'aucune expérience méthodiqu ment conduite : je veux parler de l'alimentation du cheval de pur sang (*Parlez ! parlez !*).

Ici, messieurs, il n'est plus question d'économie ; il ne s'agit plus d'établir une ration d'un prix plus ou moins élevé, mais bien de rechercher la meilleure ration au point de vue de la croissance du poulain, de son entraînement, et, plus tard, de sa vitesse sur le champ de course.

Le sujet étant neuf, peut-être l'exemple curieux, au sujet duquel je vais avoir l'honneur de vous donner quelques détails, présentera-t-il de l'intérêt pour ceux de nos collègues qui s'occupent spécialement de l'élevage du pur sang.

Le développement considérable qu'a pris, dans ces dernières années, la fabrication coopérative du beurre, donne lieu à une énorme production journalière de lait écrémé. Utilisé naguère, presque en totalité, pour la nourriture des porcs, le lait écrémé, depuis l'invention du procédé de dessiccation Just-Hatmaker, est entré dans l'alimentation humaine, notamment dans celle des enfants. Les expériences entreprises sur une très grande échelle par M. Hatmaker, en collaboration avec M. William Magill, médecin et chimiste distingué, ont montré la haute valeur de cette alimentation chez l'enfant, depuis sa naissance jusqu'à l'âge de deux ans.

Depuis le mois de mai 1905, M. Hatmaker poursuit, au haras de La Borde, près Montesson, de très intéressantes expériences sur l'alimentation de poulains de pur sang avec le lait écrémé, à l'exclusion de tout autre aliment. Un aperçu du programme de ces expériences et de leurs résultats me paraît de nature à vous intéresser. Permettez-moi, avant de vous le présenter, de vous rappeler sommairement la préparation du lait écrémé desséché par le procédé Just-Hatmaker et la composition du produit obtenu.

Applicable à la fois au lait entier et au lait écrémé, le procédé en question consiste, essentiellement, dans l'écoulement régulier du lait, en nappe mince, sur la surface d'un cylindre métallique, portée par une circulation intérieure de vapeur à une température calculée pour permettre l'évaporation très rapide du liquide. A la surface du cylindre se forme une sorte de *toile* de lait qui, en se détachant par son propre poids de la surface du cylindre rotatif, donne une poudre blanche, légèrement teintée de jaune, dont voici un échantillon.

Ce lait en poudre est complètement stérilisé par le fait même de la haute température qu'il a subie, les ferments de toute nature que le liquide aurait pu contenir étant anéantis par l'action de la chaleur. Le produit ainsi obtenu présente une composition constante, ainsi que l'ont établi les nombreuses analyses qu'on en a fait.

100 parties de lait écrémé desséché renferment :

Matière protéique pure (caséine, etc.).	36.70
Sucre de lait (lactose). . . . . . , ...	46.14
Matière grasse	0.92
Sels minéraux (phosphates, chlorures, etc.). . .	8.60
Eau. . . . . , . .	7.64
	100.00

Le lait écrémé desséché, consiste donc, essentiellement, en un mélange de matière azotée et de sucre, associés à une quantité notable de sels minéraux, très utiles pour l'organisme. Des expériences directes ont fixé à 98 % son coefficient de digestibilité.

J'arrive aux expériences sur l'alimentation des poulains.

En ce moment, l'écurie d'élevage de M. Hatmaker, à La Borde, compte cinq poulains au régime exclusif du lait écrémé desséché. J'ai tenu à visiter ce petit haras, à assister au repas de ses élèves et à apprécier, autant que me le permet mon peu de compétence dans cet élevage spécial, les résultats déjà acquis, en attendant ceux que donnera le régime d'entraînement.

Ce matin, accompagné de M. Hatmaker et du docteur W. Magill, j'ai passé quelques heures au haras de la Borde, où les expériences d'alimentation sont effectuées dans des conditions et avec un soin qui donnent aux résultats toute garantie d'exactitude.

Les poulains en expérience sont pesés tous les matins à la même heure, avant de recevoir leur première ration. Chaque repas, donné dans les conditions que nous allons dire, est lui-même exactement pesé.

J'ai pu relever, sur les registres d'observation, tenus avec ponctualité, les données expérimentales relatives à chacun des poulains, au nombre de cinq actuellement, comme je viens de le dire.

La base du calcul des quantités de lait écrémé desséché à donner journellement est le nombre de calories à fournir à l'animal. Théoriquement, les expérimentateurs l'ont fixé à 100 calories, par kilogramme de poids vif du cheval. Ils ont été ainsi conduits à fixer à environ 2 °/₀ du poids vif, le poids de lait écrémé à donner par jour. Cette proportion subit, dans l'application, quelques modifications, à raison des exigences plus grandes chez le petit animal. On sait, en effet, que la quantité proportionnelle d'énergie ou de substance nutritive, ce qui est tout un, à fournir à un animal, diminue à mesure qu'il augmente de volume et de poids.

La poudre de lait écrémé n'est jamais donnée à l'état sec. Au moment de chaque repas, on pèse la quantité de poudre qui doit composer la ration ; on la délaye dans trois fois son poids d'eau et l'on agite le mélange qui prend l'aspect et la consistance d'une bouillie assez épaisse. Un poulain pesant 200 kilos, reçoit, dans les vingt-quatre heures, 4 kilos de lait écrémé en suspension dans 12 litres d'eau.

En raison de sa digestibilité très élevée (98 °/₀) et de sa digestion rapide, la ration journalière est distribuée en huit fois, à des intervalles réguliers que j'ai relevés sur les registres du haras.

Matin : 5 h. — 7 h. 1/2. — 10 h.
Soir : midi 1/2. — 3 h. — 5 h. 1/2. — 8 h. — 10 h. 1/2.

Il va sans dire que chacune des rations est préparée immédiatement avant son administration. L'eau qui sert à sa préparation est de l'eau de source très pure.

En dehors de sa ration de lait, le poulain reçoit, dans le rate-
lier, 2 kilos 1/2 de foin : ce supplément a pour but de donner
aux fèces une consistance qu'elles n'auraient pas avec l'alimentation exclusive au lait. Enfin, les poulains peuvent encore
trouver, dans l'herbe des vastes paddoks où ils s'ébattent, un
complément de nourriture dont ils se montrent d'ailleurs peu
avides, la ration distribuée suffisant à leur entretien, ainsi qu'on
peut d'ailleurs en juger par un calcul très simple.

La ration journalière (lait écrémé et foin) d'un poulain d'un
poids vif de 200 kilos a la composition suivante :

	Matières azotées digestibles	Matières hydrocarbonées digestibles	
2ᵏ500 de foin	0ᵏ070	0ᵏ550	Relation nutritive
4 kil. de lait écrémé desséché.	1.480	1.880	1.
TOTAUX. .	1.550	2.430	1.56

Cette ration présente une relation nutritive très étroite
puisque, pour un de matière azotée, elle ne renferme que 1.56
de substances hydrocarbonées, condition favorable au développement du système musculaire chez le jeune animal.

Si l'on observe les poulains soumis depuis un an à ce régime,
on est frappé de la fermeté des muscles du cou, du thorax et
des jambes, et de leur prédominance marquée sur l'élément
graisse. La photographie du poulain *Azote*, que j'ai l'honneur de
mettre sous vos yeux, montre la part prépondérante du développement de la musculature dans l'accroissement de l'animal.

Quelques détails maintenant sur l'écurie de la Borde.

Jusqu'ici, les expériences d'alimentation ont porté sur cinq
poulains : leurs résultats sont des plus intéressants, comme
vous allez en juger, d'après les chiffres et les courbes, que je
puis mettre sous vos yeux.

1° Deux poulains, nés en 1906, en expérience depuis 62 jours,
ont présenté les augmentations de poids suivantes :

N° 1, le plus jeune, a augmenté de 51 kilos en 62 jours ; soit
de 822 grammes par jour ;

N° 2, le plus âgé, a augmenté de 61 kilos en 62 jours ; soit de
984 grammes par jour.

J'arrive aux trois autres poulains : *Liseron*, *Werther* et *Azote*,

AZOTE

A l'âge de 367 jours, Poids : 342 kilos
(Aujourd'hui, 26 juillet, Azote pèse 400 kilos)

nés tous les trois au commencement de l'année 1905 et soumis, depuis leur sevrage, à l'alimentation exclusive au lait écrémé desséché.

Je résumerai brièvement les conditions relatives à chacun d'eux.

LISERON, né le 1er avril 1905. — Alimentation lactée commencée en juillet 1905. A ce moment, Liseron était âgé de 3 mois et 20 jours.

Poids au début de l'expérience. 150 kilos.
Après 100 jours. . . . . . 260 —
            Gain. . . 110 — Soit 1 k. 100 par jour.

Poids, à l'âge d'un an . . . 339 kilos.
            Gain. . . 189 —

Poids, après 328 jours . . . 366 kilos.
Poids au commencement . . 150 —
Augmentation en 328 jours . 216 kilos.

Dans la période entière, l'augmentation moyenne, par jour, a été de 660 grammes.

WERTHER, né le 14 mai 1905. — Alimentation lactée commencée en juillet 1905, à l'âge de 2 mois et 12 jours.

Poids au début de l'expérience. 111 kilos.
Poids à l'âge d'un an. . . . 337 —
Augmentation en 292 jours. . 226 — Soit une augmentation moyenne, par jour, de 774 grammes.

AZOTE, né le 27 avril 1905. — Sa ration équivaut aujourd'hui à 68 calories par kilogr. ; au début, elle représentait 100 calories.

L'alimentation lactée a été commencée le 26 mai 1905 (âge : 29 jours ; poids : 85 kilos).

Le poulain pesait, le 13 juin, 380 kilos. L'augmentation, au bout de 383 jours, a donc été de 380 — 85 = 295 kilos, et l'augmentation moyenne par jour, de 770 grammes.

L'augmentation journalière des trois poulains a été très régulière, ainsi qu'on le voit :

Liseron . 660 grammes } Augmentation moyenne par jour :
Werther. 774   —   }   735 grammes.
Azote.   . 770   —   }

La courbe ci-dessous permet de suivre l'augmentation de poids
du poulain *Azote*, depuis le commencement du régime lacté.

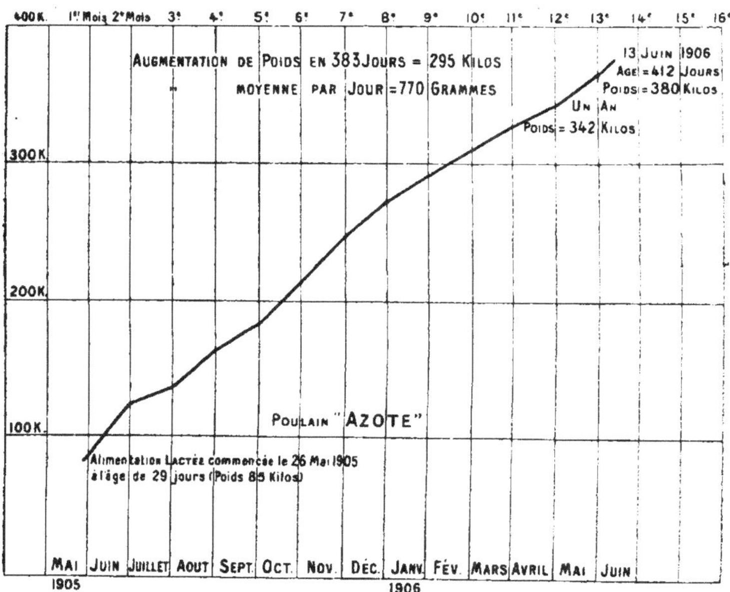

Voici le pedigree d'*Azote*, né le 27 avril 1905, à Neuilly-en-
Vexin :

		Arab		Energy
Azote		Taille 1m59		Armoricaine
		Saïda		Loutch
		Taille 1m57		Morphine

Ce poulain est, dès à présent, engagé pour les courses suivantes :. Grand Prix 1908, Prix du Jockey-Club 1908, Derby
Anglais 1908.

M. Hatmaker est décidé à continuer l'alimentation exclusivement lactée pendant la période d'entraînement et jusqu'au

moment des épreuves de 1908, auxquelles *Azote* doit prendre part.

Je me propose de suivre, d'ici là, les intéressantes expériences du haras de La Borde, dont je vous communiquerai les résultats lors du Congrès de l'an prochain.

Les essais de **M.** Hatmaker ouvrent une voie nouvelle à l'élevage du pur sang. Ils me paraissent devoir servir de point de départ à des études variées sur le régime alimentaire du cheval de course : c'est ce qui m'a engagé à les signaler à votre attention.

Il me reste, messieurs, à vous remercier de la bienveillante attention que vous m'avez prêtée. Je ne veux pas abuser plus longtemps de vos instants ; j'ai simplement voulu amorcer la question, si intéressante pour les éleveurs, de l'alimentation du cheval de pur sang ; on pourrait faire, dans les écuries de course, des expériences très profitables, à ce point de vue ; l'exemple donné par M. Hatmaker en est une preuve. *(Applaudissements vifs et prolongés.)*

M. Ollitrault-Dureste. — Je désirerais poser une simple question à M. Grandeau.

Notre collègue nous a parlé de lait écrémé ; s'agit-il de lait écrémé desséché ?

M. L. Grandeau. — Bien entendu. Je rappelle que le procédé de M. Hatmaker consiste à prendre le lait qui sort d'une écrémeuse et à l'évaporer à haute température. On opère sur du lait préalablement écrémé, et, par le fait même de l'opération qu'on lui fait subir, sans altérer ses propriétés, on obtient du lait stérilisé.

M. Barrier. — Je voulais précisément poser à M. Grandeau la question qu'on vient de lui soumettre. Je me permets de lui adresser mes vives félicitations pour l'intéressante communication qu'il vient de faire, notamment en ce qui concerne l'alimentation des chevaux de pur sang.

M. L. Grandeau nous a parlé de l'expérience qui montre
qu'en donnant à des poulains du lait écrémé et stérilisé,
on peut arriver à les pousser en poids de plus en plus
facilement ; mais pour que l'expérience soit tout à fait
concluante — M. L. Grandeau l'a d'ailleurs parfaitement
dit tout à l'heure — il est indispensable qu'elle soit faite
sur des chevaux de pur sang. Vous savez, en effet, qu'il
ne s'agit pas seulement de faire du volume, question relativement secondaire ; ce qu'il faut, par dessus tout,
c'est développer une sensitivo-motricité supérieure per-
mettant aux animaux de dépenser, à un moment donné,
une énergie motrice supérieure à celle que peuvent
fournir les autres chevaux. Il est incontestable que si
cette sensitivo-motricité exige une alimentation de
faible volume et très alibile, elle ne peut se développer
encore qu'avec la mise en œuvre de toutes les pratiques de l'entraînement. L'épreuve de l'entraînement
sera faite dans deux ans ; nous devons en attendre les
résultats avant de juger.

Ce qu'il y a d'important, et le point sur lequel je me
permets d'appeler l'attention de M. L. Grandeau, c'est de
donner du lait stérilisé. M. L. Grandeau a dit lui-même
que le produit était stérilisé ; par conséquent, nous
n'avons pas à craindre qu'il transmette une maladie
contagieuse, — vous devinez laquelle, — la tuberculose,
si répandue dans toutes les étables. Dans ces conditions,
on peut, sans danger, administrer le produit ; mais n'ou-
bliez pas que si vous ne pouvez pas donner du lait stérilisé, vous risquez, et vous risquez grandement, de
transmettre la tuberculose à vos poulains.

M. L. Grandeau. — Cette stérilisation est d'autant plus
importante que ce produit est devenu un produit courant ; on l'emploie dans l'alimentation des enfants,
dans la fabrication des biscuits, dans toutes les boulan-
geries et pâtisseries. La consommation de ce lait a pris

de grandes proportions ; il est donc très important qu'il soit stérilisé. Dans le cas qui nous occupe, je répète qu'il est absolument stérilisé par la haute température à laquelle il est soumis.

M. Barrier a raison de dire qu'il faut attendre l'expérience pour en connaître les résultats ; mais, à priori, je crois pouvoir déclarer qu'ils seront bons.

M. F. Caquet. — Je me permets de demander à mon ancien maître, M. L. Grandeau, d'accepter toutes mes félicitations pour la communication si intéressante qu'il vient de nous faire ; pour ma part, j'en ai éprouvé un plaisir très vif.

Je désire demander à M. L. Grandeau ce qu'il pense, au point de vue de l'alimentation des jeunes poulains, de l'emploi des superphosphates chimiquement purs. Il me semble que cette question est soudée à celle qu'il a traitée si magistralement.

M. L. Grandeau. — Je n'ai fait aucune expérience sur les poulains ; des analyses qui ont été effectuées à la Station agronomique de l'Est, au laboratoire de recherches de la Compagnie des voitures et par différents chimistes, il résulte que le lait écrémé est un aliment riche en phosphore.

M. F. Caquet. — J'ai personnellement expérimenté l'emploi des superphosphates chimiquement purs dans l'alimentation des poulains, en semant cette poudre sur l'avoine préalablement humectée. Les résultats que jai obtenus, sans être précisément concluants au point de vue des pesées, m'ont cependant semblé très probants.

M. le vicomte d'Harcourt. — On l'a déjà dit, l'alimentation du cheval pur sang n'est pas une question d'économie; c'est pourquoi les éleveurs de chevaux de courses demandent à M. L. Grandeau de poursuivre ses études, en vue de l'alimentation du pur sang et de vouloir bien mettre sa science au service de cette cause très intéressante.

Un Membre. — Quel est le prix de revient de l'alimentation d'un pur sang ?

M. L. Grandeau. — Le kilogramme de lait écrémé desséché coûte 80 centimes. La dépense occasionnée par l'alimentation d'un poulain du poids de 200 kilos, auquel on donne, par jour, 4 kilogrammes de lait écrémé desséché, revient donc à 3 fr. 20.

M. le Président. — Je voudrais attirer l'attention du Congrès sur l'observation faite par M. d'Harcourt qui, avec un égoïsme très généreux, dans l'intérêt de l'élevage, a demandé à ses collègues d'exploiter d'une façon plus complète le dévouement, la compétence et la science de M. L. Grandeau.

M. L. Grandeau vient de nous montrer un côté nouveau de l'alimentation des chevaux de course. Mais le problème est plus complexe et plus général. Il avait même été indiqué, si je ne me trompe, dans une des causeries que nous avons eues à la Commission permanente, avant même que nous connussions les révélations que vient de nous faire M. L. Grandeau. Il est certain que le cheval de course, au point de vue de l'exaltation de ses facultés de vitesse, est l'objet de tant de préparation, qu'il est peut-être nécessaire, et le Congrès trouvera sans doute utile, qu'un homme de science comme M. L. Grandeau puisse expérimenter toutes les pratiques qui pourront lui être signalées, afin que les éleveurs français soient à même de faire un choix éclairé entre celles qui sont recommandables et celles qui ne le seraient pas.

Par conséquent, comme conclusion de cette communication et de la motion de M. d'Harcourt, je demande au Congrès de vouloir bien émettre le vœu, très égoïste en même temps que très national, « que M. L. Grandeau veuille bien accepter la mission de faire cette année des études dans cette direction et de nous en donner les résultats l'année prochaine ». (*Vifs applaudissements.*)

M. le vicomte d'Harcourt. — Nous pourrons mettre à la disposition de M. L. Grandeau une écurie de course et les ressources nécessaires à ces études. (*Applaudissements.*)

M. le Président. — Je tiens à remercier M. d'Harcourt au nom du Congrès.

Je mets aux voix le vœu que je viens de vous faire connaître.

(Le vœu, mis aux voix, est adopté).

M. le Président. — Nous passons à la question des « transports de chevaux par chemins de fer ».

Je donne la parole à M. E. Tisserand, qui a bien voulu nous apporter le tribut de son expérience et de ses grandes lumières.

Les transports de chevaux par chemins de fer

M. E. Tisserand. — Messieurs, la Commission permanente du Congrès hippique m'a demandé de vous entretenir de la question du transport des chevaux par chemins de fer, des améliorations dont le service est susceptible, et des revendications que les éleveurs et le commerce des chevaux sont en droit de formuler à cet égard.

Le sujet à traiter serait très simple si toutes les Compagnies avaient un régime uniforme ; malheureusement il est loin d'en être ainsi.

Nous trouvons, en effet, pour des parcours identiques, des règles très variables et des différences de prix de transport parfois considérables, d'un réseau à l'autre ; les charges qu'ont à subir les expéditeurs et les destinataires ne sont pas les mêmes pour les transports les plus usuels : il en résulte que la question est complexe et exige de nombreuses recherches dans les volumineux recueils Chaix.

Je vais tâcher de vous conduire de mon mieux à travers ce labyrinthe, en m'en tenant aux points principaux du sujet.

Comme vous le savez, les transports peuvent être effectués sous deux régimes différents : la grande vitesse ou la petite vitesse. Pour chacun d'eux, il y a un tarif général et un certain nombre de tarifs spéciaux.

Je n'ai pas besoin de vous définir ce qu'il faut entendre par grande vitesse et par petite vitesse en matière de transport. La *grande vitesse* est celle des trains de voyageurs, comprenant des voitures de toutes classes et exceptionnellement celle des express. La *petite vitesse* est celle des trains de marchandises dont la marche est réglée par des arrêtés ministériels.

Le *tarif général* est celui qui est appliqué aux transports sous les seules conditions du cahier des charges ; il comprend les taxes les plus élevées. Les *tarifs spéciaux* sont ceux qui accordent des réductions sur les prix du tarif général ou des avantages particuliers, moyennant certaines dérogations plus ou moins onéreuses pour le public aux conditions d'application des tarifs généraux.

Nous allons examiner quelle est la taxation en vigueur dans la grande et la petite vitesse pour le transport des chevaux.

GRANDE VITESSE

Tarif général

Le tarif général de la grande vitesse fixe le prix du transport des chevaux et poulains à 0 fr. 16 par tête et par kilomètre, sur tous les réseaux. C'est le même prix pour les mulets, les ânes et les bêtes bovines de tout sexe et de tout âge.

En sus de ce prix, il y a à payer, pour les frais de chargement et de déchargement, 1 franc par animal, sans compter les autres frais accessoires (timbre, enregistrement, taxe de désinfection, etc.).

Les personnes qui accompagnent les animaux paient à plein tarif les places qu'elles occupent dans les voitures des Compagnies. (Art. 33.)

Les animaux dont la valeur déclarée excède 5,000 francs, sont taxés moitié en sus du prix fixé par le tarif général.

Malgré la taxation élevée, le tarif général présente des avantages certains : la responsabilité des Compagnies reste entière ; les délais de transport, de transmission de réseau à réseau et de livraison y sont fixés par des arrêtés ministériels.

Les chevaux doivent être présentés trois heures au moins avant le départ du train de voyageurs qui doit les emmener.

Pour les animaux qui doivent passer d'un réseau sur un autre réseau, le délai de transmission est de trois heures ; il est de six heures quand la transmission a lieu dans deux gares différentes.

Les animaux doivent être livrés aux destinataires deux heures après l'arrivée du train qui les a amenés.

Il n'y aurait trop rien à dire de ces dispositions, s'il ne fallait compter avec les retards, les stationnements prolongés aux points de jonction des lignes et dans les gares.

Il y a surtout une disposition qui a toujours soulevé des réclamations : c'est l'article 5 de l'arrêté ministériel du *12 juin 1866*, d'il y a quarante ans, qui stipule que les expéditions arrivant de nuit, ne seront mises à la disposition des destinataires que le lendemain, deux heures après l'ouverture des bureaux de la gare.

Pour des animaux ayant déjà séjourné sur leurs jambes dans un wagon pendant quinze, vingt, trente heures et plus, et qui, arrivés à 8 ou 9 heures du soir, doivent, au lieu d'être délivrés de suite, rester immobilisés dans un wagon jusqu'au lendemain 8 ou 9 heures du matin, il y a là une véritable torture infligée aux animaux et une source de maladies auxquelles succombent trop souvent, tôt ou tard, les malheureuses bêtes. C'est plus que de la fatigue qui en résulte, c'est de l'enfièvrement, de l'énervement. Les personnes qui ont voyagé pendant vingt ou vingt-quatre heures, confortablement installées dans un bon wagon, comprendront les souffrances que doivent endurer de pauvres animaux, habitués aux bons soins, quand ils restent enfermés dans une voiture pendant trente-six, quarante heures et plus ! Aussi la vivacité avec laquelle on s'est élevé de toutes parts contre l'article précité et contre les lenteurs du transport et de la remise des animaux n'est-elle pas faite pour surprendre !...

Je sais bien que les Compagnies n'appliquent pas cette prescription à la lettre, mais c'est une raison pour en demander l'abrogation, ainsi que la diminution des heures d'attente et surtout de stationnement des voitures dans les gares de bifurcation ou autres.

La Société protectrice des animaux, à différentes reprises, est intervenue pour faire cesser une réglementation aussi barbare et aussi contraire aux règles de l'hygiène ; et nous ne pouvons que féliciter la Chambre syndicale du commerce des chevaux qui, par la voix de son président, M. Lazard, s'est élevée avec véhémence contre des règles surannées et une lenteur excessive injustifiée du transport des animaux, alors qu'on fait tant d'efforts pour accroître de plus en plus la vitesse des trains qui transportent la marée, les huîtres, les denrées des halles, etc...

J'espère que le Congrès hippique obtiendra pleine satisfaction sous ce rapport. La cause qu'il défend est juste.

Tarifs spéciaux

Le transport des chevaux en grande vitesse fait l'objet de deux tarifs spéciaux : Le tarif spécial G. V. n° 11 (animaux vivants); le tarif G. V. n° 12 (chevaux de courses se rendant aux courses ou aux établissements d'entraînement, chevaux des haras, équipages de chasse et juments poulinières se rendant aux stations de monte).

Le tarif G. V. n° 11 comprend le transport des chevaux en wagons-écuries, d'une part, et celui qui se fait au moyen de wagons à bestiaux, d'autre part.

Au tarif général, nous avons une taxation et des règles uniformes pour tous les réseaux.

Pour les tarifs spéciaux, il n'en est plus de même ; il n'y a pas deux réseaux qui aient la même taxation ; les unités pour le calcul du prix des transports sont de même diverses.

Voyons d'abord ce qu'il en est pour les transports en *wagons-écuries*.

1º La *Compagnie du Midi* n'a pas de tarif spécial nº 11 pour les animaux vivants de n'importe quelle espèce ; il s'en suit que ceux-ci sont obligés, pour leur transport, de payer les taxes les plus élevées, celles du tarif général ;

2º Sur le *réseau de P.-L.-M.*, le tarif spécial n'est applicable que pour les expéditions de deux chevaux au minimum, et sous condition d'un parcours de 3oo kilomètres au moins, de sorte que, jusqu'à 3oo kilomètres, il faut sur ce réseau payer les prix du tarif général. De plus, circonstance aggravante, le barême des prix est à échelons, c'est-à-dire que les prix sont appliqués par :

Fractions de 10 kil. en 10 kil. pour le parcours de 3oo à 4oo kil.
Fractions de 20 kil en 20 kil. pour le parcours de 4oo à 8oo kil.
Fractions de 5o kil. en 5o kil. pour le parcours de 8oo à 9oo kil.
Fractions de 1oo kil. en 1oo kil. pour le parcours au-delà de 9oo kil.

Il s'en suit qu'une expédition, par exemple, faite à 3o1 kilomètres, paiera comme si la distance parcourue était de 32o kilomètres.

Que pour 8o1 kilomètres, on paiera comme pour 85o kilomètres et pour 9o1 kilomètres comme pour 1.ooo kilomètres, et ainsi de suite.

3º Sur le *réseau d'Orléans*, le palier initial est de 2oo kilomètres ; pour les faibles parcours, il faut donc payer les prix élevés du tarif général. Ici, nous n'avons pas de barême à échelons.

Au *réseau de l'État*, le palier initial est de 4o kilomètres.

Sur le *réseau d'Orléans*, sur *l'État* et le *Nord*, la base des prix du tarif est le wagon-écurie avec chargement de trois bêtes.

Sur *l'Ouest*, la taxation se fait par tête avec chargement complet aussi.

Nous avons groupé dans un tableau le *prix de transport par wagon-écurie* pratiqué sur les différents réseaux, en ramenant toutes les unités à la tête, pour que la comparaison soit possible.

Tarif G. V. n° 11 : Wagons-écuries (Prix par tête).

PARCOURS	Tarif Général MIDI	NORD Expédit. 3 têtes	EST 3 têtes	ÉTAT 3 têtes	OUEST 3 têtes	ORLÉANS 3 têtes	P.-L.-M.		
							2 têtes	3 têtes	6 têtes
5o kilomètres.	8. »	6.5o	6.35	6.5o	6.5o	T. G.	T. G.	T. G.	T. G.
100 —	16. »	13. »	12.65	13. »	13. »	T. G.	T. G.	T. G.	T. G.
200 —	32. »	23. »	20.65	26. »	26. »	26. »	T. G.	T. G.	T. G.
3oo —	48. »	28. »	28.90	39. »	39. »	39. »	43.50	38.65	33.65
4oo —	64. »	33. »	36.65	52. »	52. »	52. »	55.50	49.35	43.15
5oo —	8o. »	38. »	44.75	65. »	65. »	65. »	67.5o	6o. »	52.5o

On voit, d'après ce tableau, que pour les faibles parcours, pour celui de 5o kilomètres, par exemple, le tarif est sensiblement le même pour les expéditions de trois chevaux sur le Nord, l'Est, l'État et l'Ouest (6 fr. 35 et 6 fr. 5o par tête).

Sur le Midi, sur l'Orléans et sur le P.-L.-M., c'est le tarif général qui est appliqué, lequel fixe le prix de transport à 8 francs par tête, soit 1 fr. 5o en plus, ou 25 o/o.

Pour un parcours de 1oo kilomètres, les prix respectifs sont : Réseau de l'Est, 12 fr. 65 par tête ; réseaux du Nord, de l'Ouest et de l'État, 13 francs ; réseaux d'Orléans et de P.-L.-M., 16 francs (tarif général).

Pour 3oo kilomètres, les taxes de transport sont les suivantes : Nord, 28 francs par tête ; Est, 28 fr. 90 par tête ; État, Ouest, et P.-O, 39 francs ; P.-L.-M., 43 fr. 5o par expédition de 2 têtes, 38 fr. 65 par expédition de 3 têtes, 33 fr. 65 par expédition de 6 têtes.

Si le parcours est de 5oo kilomètres, il faudra payer pour les expéditions de 3 têtes : sur l'Est, 44 fr. 75 ; sur l'État, l'Ouest et le P.-O., 65 francs ; sur le P.-L.-M., 6o francs ; sur le Midi, 8o francs.

De sorte que le wagon-écurie de 3 têtes coûtera : sur l'Est, 134 fr. 25 par tête (frais accessoires non compris) ; sur le P.-L.-M.,

180 francs ; sur l'État, l'Ouest et le P.-O., 195 fr. ; sur le Midi, 240 francs (tarif général). Entre les prix de l'Est et du Midi, l'écart est de 105 fr. 75 ou de 75 o/o !...

Sur le réseau du Nord, les expéditions n'atteignent jamais 500 kilomètres ; autrement, les bases de son barème donneraient une taxe de 38 francs par tête ou de 114 francs par wagon, et un écart avec la taxe du Midi de 110 o/o. Ces chiffres se passent de commentaires.

Quand les transports se font en *wagons à bestiaux*, ce sont des différences et des anomalies tout aussi inexplicables que nous relevons : Le prix de transport est calculé sur le *Nord* à raison de la superficie du wagon comptée en mètres carrés. Sur les autres réseaux, c'est par wagon, quel que soit le nombre d'animaux qu'on y place, ou encore par tête.

Sur le réseau de l'Ouest, il n'est question dans le tarif ni de wagons-écuries, ni de wagons à bestiaux, ce qui laisse à la Compagnie la faculté de fournir les uns ou les autres, suivant ses disponibilités ; la seule condition est que les expéditions soient de 3 têtes au minimum, le tarif restant le même : o fr. 13 par tête et par kilomètre.

A la Compagnie d'Orléans, le tarif G. V. nº 11 ne parle pas de transport en wagons à bestiaux. Il n'est question que de transports en wagons-écuries de 3 chevaux, à raison de o fr. 13 par cheval et par kilomètre. Pour les parcours inférieurs, c'est le tarif général qui est appliqué, soit o fr. 16 par tête.

Sur le P.-L.-M. la taxation se fait au wagon, d'après un barème kilométrique avec échelons, ainsi que nous l'avons déjà dit.

Comme on le voit, les bases de la taxation sur les divers réseaux sont bien peu en harmonie.

Pour les *prix de transport* avec wagons-vachères, c'est encore la même diversité. J'ai dressé pour ces véhicules, comme je l'ai fait pour les wagons-écuries, le prix *par tête* des frais de transport sur chaque réseau. Dans mes calculs, j'ai supposé que la composition d'un wagon moyen était de 8 chevaux, que la superficie occupée par un cheval était de 1 m. 85, ce qui correspond à 8 chevaux par wagon de 15 mètres carrés de superficie intérieure.

Wagons à bestiaux complets (Prix calculés par tête).

PARCOURS	NORD	EST	P.-L.-M.	ORLÉANS	ÉTAT	MIDI	OUEST	Tarif Général
50 kilomètres.	4.60	4.80	3. »	8. » T.G.	3.10	8. » T.G.	6.50	8. »
100 —	9.37	8.06	6. »	16. » T.G.	6.25	16. » do	13. »	16. »
200 —	15.56	14.56	12. »	26. »	11.87	32. » do	26. »	32. »
300 —	18.37	20.06	16.37	39. »	16.85	48. » do	39. »	48. »
400 —	. .	25.57	20.90	52. »	21.25	64. » do	52. »	64. »
500 —	. .	31.06	25.37	65. »	25.60	80. » do	65. »	80. »

On trouve dans le tableau ci-dessus des différences de prix qui varient énormément, parfois du simple au double, d'un réseau à l'autre. C'est sur l'Etat et le P.-L.-M que nous trouvons les taxes minima, et sur l'Orléans et l'Ouest les maxima.

Pour le parcours de 50 kilomètres nous trouvons : sur le P.-L.M., 3 francs par tête ; sur l'Etat, 3 fr. 10 ; sur le Nord, 4 fr. 60 ; sur l'Est, 4 fr. 80 ; sur l'Ouest, 6 fr. 50. Enfin, sur l'Orléans et le Midi, 8 francs, taxe du tarif général.

Si le parcours est de 100 kilomètres, le prix à payer est : sur le P.-L.-M., 6 francs par tête ; sur l'Etat, 6 fr. 25 ; sur l'Est, 8 fr. 06 ; sur le Nord, 9 fr. 37 ; sur l'Ouest, 13 fr. ; sur le Midi et l'Orléans, 16 francs, tarif général.

Pour 300 kilomètres, c'est encore le P.-L.-M. qui offre le prix le moins élevé (16 fr. 37 par tête) ; l'Etat le suit de très près avec 16 fr. 85 ; puis vient le Nord, avec 18 fr. 37. Nous tombons ensuite dans les prix extrêmes avec l'Ouest et l'Orléans, (39 fr.) ; avec le Midi, 48 francs : c'est le taux du tarif général, soit 31 fr. 65 de plus par cheval que sur le P.-L.-M., ou près de 200 o/o.

Mêmes inégalités pour les parcours supérieurs.

Pourquoi toutes ces anomalies, auxquelles je n'ajoute pas celles qui résultent des prix exceptionnels, c'est-à-dire des prix particuliers établis pour favoriser les rapports d'une localité déterminée avec une autre localité ? On ne le sait.

Le tarif G. V. 12, qui vise le transport des chevaux de course, des chevaux des haras, des équipages de chasse et des juments poulinières se rendant aux établissements de monte, est moins disparate ; il est le même pour tous les réseaux, sauf pour le P.-L.-M., en ce qui concerne les juments poulinières. Ce qui prouve que, quand elles le veulent, les Compagnies peuvent avoir un régime uniforme sans que leurs intérêts en souffrent.

Les prix de transport sont :

De 10 centimes par tête et par kilomètre pour les chevaux de course ;

De 12 centimes pour les chevaux d'équipages de chasse ;

De 10 centimes pour les étalons et juments des haras ;

De 16 centimes pour les juments poulinières, suitées ou non.

Ce dernier prix est de o fr. 10 seulement sur le P.-L.-M.

Les chevaux de course paient un peu moins par tête pour leur transport que les chevaux ordinaires au tarif G. V. n° 11 voyageant par groupe de trois dans des wagons-écuries ; mais les juments poulinières se rendant à une station de monte, paient beaucoup plus ; elles paient trop !

Quand la jument est accompagnée de son poulain, ce prix est déjà bien élevé, mais lorsque la jument n'est pas suitée, il est excessif et exagéré, puisqu'il n'est autre que celui du tarif général. Il devrait être ramené à o fr. 10 comme sur le P.-L.-M. et comme pour les chevaux de course ; autrement, il sera toujours de l'intérêt des expéditeurs de demander, pour le transport de leurs juments se rendant à la monte, l'application du tarif général, car alors la Compagnie aura à répondre des dommages causés à l'expéditeur, en cas de retard ou d'accident.

La taxe de o fr. 10 existe sur le réseau de P.-L.-M., il n'y a pas de raison pour qu'elle n'existe pas sur les autres réseaux, et l'intérêt de l'élevage la réclame.

PETITE VITESSE

Si maintenant nous abordons la question des transports en petite vitesse, nous trouvons le même manque d'uniformité et d'égalité de traitement dans les tarifs.

Au tarif général, le prix par tête est fixé à o fr. 10 par kilomètre. Sur le réseau de l'Etat, la taxe est un peu plus faible. Jusqu'à 50 kilomètres, elle est la même sur tous les réseaux.

Pour un parcours de 100 kilomètres, elle est de 9 fr. 50 par tête sur le réseau de l'Etat et 10 francs sur les autres ;

Pour 200 kilomètres elle est de 17 francs par tête sur le réseau Etat et 20 francs sur les autres ;

Pour 300 kilomètres elle est de 24 francs par tête sur le réseau Etat et 30 francs sur les autres ;

Pour 500 kilomètres, elle est de 40 francs par tête sur le réseau Etat et 50 francs sur les autres.

Les *tarifs spéciaux de petite vitesse* pour les animaux ne sont applicables que par wagon complet ; toutes les expéditions partielles sont soumises au prix et aux conditions du tarif général. Il en est de même pour les parcours inférieurs à 50 kilomètres sur les réseaux d'Orléans et de P.-L.-M.

Même diversité qu'en grande vitesse pour les bases servant au calcul des taxes à appliquer : Sur le Nord et sur l'Est, le prix est fixé à raison du nombre de mètres carrés et fractions de mètres carrés occupés par les animaux ; sur l'Ouest, il l'est d'après le nombre de têtes composant les expéditions ; sur les autres réseaux, le prix est établi par wagon complet, quel que soit le nombre d'animaux qui garnit celui-ci.

Les taxes de transport sont tout aussi disparates que celles de la grande vitesse. Ainsi, pour un parcours de 300 kilomètres, il en coûte :

Sur le réseau de l'Etat, 72 francs par wagon complet (frais accessoires non compris).

109 francs sur le réseau P.-L.M.

112 fr. 50 sur celui de l'Est (calculé par mètre carré).

190 fr. 96 sur le Nord   —   —

145 francs sur le réseau d'Orléans.

150 francs sur le Midi.

Pour 500 kil. on paie sur l'Etat : 120 francs par wagon,

Alors qu'il en coûte :

169 francs par wagon sur le P.-L.-M.

225   —   sur l'Orléans.

250   —   sur le Midi.

Et notons en passant que l'Orléans a transporté l'an dernier 71.000 chevaux et le Midi 31.107.

Nous avons, pour faciliter la comparaison, calculé comme

précédemment les taxes des divers réseaux en les ramenant au prix de transport par tête.

Tableau des prix de transport des chevaux en petite vitesse par wagon complet

1° Prix d'après les bases adoptées par les différents réseaux
(frais accessoires non compris)

PARCOURS	PRIX par wagon complet				Prix par mètre carré du wagon complet		Prix pr tête et pr wagon complet
	ÉTAT	MIDI	ORLÉANS	P.L.M.	EST	NORD	OUEST
50 kil. .	15. »	25. »	30. »	23. »	1.75	1.65	4. »
100 —	28. »	50. »	55. »	40. »	3. »	3.35	8. »
200 —	52. »	100. »	100. »	75. »	5.50	5.85	15. »
300 —	72. »	150. »	145. »	109. »	7.60	7.50	20. »
400 —	96. »	200. »	185. »	130. »	9.70	9.15	22. »
500 —	120. »	250. »	225. »	160. »	11.80	10.75	24. »

2° Prix comparatifs ramenés à la tête en supposant 8 chevaux
par wagon complet
et 1ᵐ85 pour la superficie occupée par cheval
(frais accessoires non compris)

PARCOURS	GRANDE CEINTURE	EST	ÉTAT	MIDI	NORD	ORLÉANS	OUEST	PARIS-LYON-MÉDITER-RANÉE	Tarif Général	
									ÉTAT	AUTRES RÉSEAUX
50 kil. .	3.12	3.15	1.90	3.12	3.05	3.75	4. »	2.87	5. »	5. »
100 —	6.25	5.55	3.50	6.25	6.20	7. »	8. »	5. »	9.50	10. »
200 —	12.50	10.17	6.50	12.50	9.61	12.50	15. »	9.37	17. »	20. »
300 —	18.75	14.06	9. »	18.75	13.87	18.12	20. »	13.62	24. »	30. »
400 —	25.90	17.95	12. »	25.90	18.13	23.12	22. »	17.27	32. »	40. »
500 —	31.25	21.83	15. »	31.25	22.39	28.12	24. »	21.12	40. »	50. »

Ce tableau nous montre que pour le parcours de 50 kilomètres, c'est le réseau de l'Etat qui donne le prix le plus faible : 1 fr. 90 par tête; puis vient le P.-L.M., avec 2 fr. 87; le Nord, le Midi et l'Est, donnent des prix de 3 fr. 05, 3 fr. 12 et 3 fr. 15; l'Orléans vient ensuite avec 3 fr. 75, et enfin l'Ouest avec le prix de 4 francs. Entre l'Etat et l'Ouest l'écart est de 2 francs ou 105 o/o !

Pour le parcours de 3oo kilomètres nous trouvons : 9 francs par tête, sur le réseau d'Etat; 13 fr. 64 sur le P.-L.M.; 13 fr. 87 sur le Nord; 14 fr. o6 sur l'Est; 18 fr. 12 sur l'Orléans; 18 fr. 75 sur le Midi; 20 francs sur l'Ouest.

L'écart entre le minimum et le maximum est encore de plus de 100 o/o.

Pour 5oo kilomètres, c'est toujours la même incohérence : 15 francs par tête sur l'Etat; 21 fr. 10 sur le P.-L.-M.; 21 fr. 85 sur l'Est; 22 fr. 40 sur le Nord; 24 francs sur l'Ouest; 28 fr. 10 sur l'Orléans; 31 fr. 25 sur le Midi.

Les écarts, comme on le voit, sont considérables. Rien ne les justifie, car je ne sache pas que les canaux et autres voies navigables fassent concurrence aux chemins de fer pour le transport des chevaux.

CLAUSES ET CONDITIONS

Voyons maintenant les clauses et conditions de l'application des tarifs généraux et spéciaux.

Nous avons déjà critiqué plus haut la clause des délais de transport en grande vitesse. Le monde du commerce et de l'élevage s'élève non moins vivement contre l'obligation, pour les expéditeurs, de présenter les chevaux, à la gare expéditrice, trois heures au moins avant le départ du train qui doit les emmener.

Aujourd'hui, la manœuvre des wagons se fait avec beaucoup plus de célérité qu'il y a quarante ans, époque où ce délai a été fixé; les hommes sont mieux exercés et plus habiles à embarquer les animaux, et, à en juger par la rapidité avec laquelle on embarque les chevaux de troupe, il semble qu'il serait facile de donner satisfaction aux réclamations qui se sont produites, en réduisant de moitié les trois heures exigées avant le départ du train. Les Compagnies le pourraient d'autant plus qu'elles sont toujours prévenues à l'avance des expéditions à faire.

Dans les conditions particulières d'application des tarifs, on exige que les expéditeurs préviennent vingt-quatre heures à l'avance, et par écrit, les gares de départ du nombre et de la nature des animaux qu'ils ont à faire transporter, et indiquent leur destination. Les Compagnies ont donc tout le temps nécessaire pour opérer rapidement l'embarquement des animaux.

Dans les tarifs G. V. nos 11 et 12, nous trouvons encore des dispositions qui ont pour but d'atténuer les responsabilités des Compagnies en les reportant sur les expéditeurs et les destinataires.

Ainsi, 1° pour les expéditions par wagon complet, il est stipulé que les expéditeurs ont le droit de charger dans chaque wagon tel nombre d'animaux qu'ils veulent, mais que c'est à leurs risques et périls. C'est une prime à l'entassement, parfois exagéré, au détriment de la santé des animaux.

2° Les expéditeurs et les destinataires doivent opérer à leurs *frais, risques* et *périls*, le *chargement* et le *déchargement* de leurs animaux.

3° Sur plusieurs réseaux (Nord, P.-O. et Etat), les expéditeurs de chevaux de course et de juments poulinières doivent, sur le Bulletin d'expédition, décharger les Compagnies *de toute responsabilité* pour tous les *retards* qui pourraient survenir dans l'expédition ou en cours de route.

Nous considérons ces atténuations à la responsabilité des Compagnies pour les dommages causés par des retards ou par des accidents provenant du fait d'un mauvais outillage d'embarquement ou de débarquement, ou de la faute des employés, comme ne pouvant subsister avec la loi Rabier du 17 mars 1905, qui stipule expressément : « La suppression dans les tarifs de toute clause spéciale dégageant la responsabilité des Compagnies pour ce qui regarde les obligations inhérentes au transporteur, obligations mentionnées dans les articles 103 du Code de Commerce, 1382, 1784 et 1927 du Code Civil ».

L'article 103 du Code de Commerce dit textuellement : « Le « voiturier est garant de la perte des objets à transporter, hors « le cas de force majeure ; il est garant des avaries autres que « celles qui proviennent du vice propre de la chose, ou de la « force majeure ».

Et l'article 1927 : « Le dépositaire doit apporter dans la garde « de la chose déposée, les mêmes soins qu'il apporte dans la « garde des choses qui lui appartiennent ».

Art. 1382 : « Tout fait quelconque de l'homme qui cause à

autrui un dommage, oblige celui par la faute duquel il est arrivé à le réparer. »

Au reste, les compagnies ont déjà compris que certaines clauses de leurs tarifs ne pouvaient être maintenues. Ainsi, celle qui stipulait « que les Compagnies ne « répon- « dent pas des accidents qui peuvent survenir aux animaux « soit dans le chargement, soit dans le déchargement, soit « pendant le cours du transport, soit pendant le séjour des « animaux dans les établissements du Chemin de fer et même « en cas de mort. » — qui existait encore en 1905 dans les tarifs G.V. nᵒˢ 11 et 12 — a cessé de figurer dans le recueil Chaix du mois de janvier dernier. C'est là une première satisfaction donnée à l'élevage et au commerce ; le reste viendra après forcément.

Le nouveau texte de l'art. 103 du Code de commerce complété par la loi du 17 mars 1905 : « Toute clause contraire est nulle et non avenue », en plaçant les Compagnies de chemin de fer sous le régime du droit commun, a voulu rappeler aux Compagnies de chemins de fer la notion vraie de leur rôle comme transporteur et leurs devoirs de soigner les marchandises qui leur sont confiées comme si elles étaient leurs, sous peine d'encourir la responsabilité des pertes, avaries ou dommages causés par elles ou par leurs agents.

En ce qui concerne les transports en petite vitesse, disons tout de suite que le tarif général qui les règle présente une série de dispositions qui les rendraient absolument inapplicables au transport des animaux vivants si elles étaient suivies à la lettre.

L'art. 6 des clauses et conditions dit, en effet, que les animaux vivants, comme les marchandises en petite vitesse, doivent être expédiées le lendemain du jour de leur remise.

L'art. 7 stipule que la durée du trajet pour le transport à petite vitesse sera calculée à raison de 24 heures par fraction indivisible de 125 kilomètres.

D'après l'art. 8, la durée du trajet sera réduite sur les grandes lignes à 24 heures par 200 kil. pour les animaux. Cette vitesse correspond à 8 kil. 1/3 par heure!

Mais ce n'est pas tout. Si l'expédition passe d'un réseau sur un autre réseau, outre les frais de transmission (o fr. 40 par tête) qui s'ajoutent à la taxe de transport, le délai que nous venons de mentionner est augmenté d'un jour.

Enfin, si les chevaux arrivent à la gare destinataire après la fermeture du bureau (6 heures du soir en été, 5 heures du soir en hiver), il faut attendre au lendemain, deux heures après l'ouverture du bureau, pour obtenir la livraison des malheureuses bêtes !

Il s'en suit que pour un parcours de 100 kilomètres, un cheval devra rester enfermé dans un wagon 3 jours, 4 jours et souvent une nuit de plus, par-dessus le marché !

Pour 500 k. le délai de transport pourra être de 6 ou 7 jours.

Je m'en tiens là, messieurs, et je vous laisse conclure. Vous concluerez certainement, comme moi, que le transport d'une marchandise aussi délicate, aussi fragile que des êtres vivants, est incompatible, quels que soins qu'on en ait, avec une telle réglementation, tolérable seulement pour des marchandises inanimées ou peu périssables.

Vous direz encore avec moi que la petite vitesse doit être rayée du tarif général pour le transport des chevaux et autres animaux vivants.

Les tarifs spéciaux améliorent-ils cet état de choses ? Nullement... Chose singulière, les Compagnies l'ont fait pour le transport des huîtres, des poissons, des légumes frais, du lait, des fruits frais, des denrées des Halles, etc. (Tarif P. V. n° 3), en accordant à ces marchandises ce qu'on appelle *la petite vitesse accélérée*, c'est-à-dire en les faisant transporter par des trains *désignés*, dont la vitesse est ordinairement égale ou supérieure même à celle des trains omnibus. Les produits doivent être en gare trois heures avant le départ et sont délivrés aux destinataires dans les trois heures de leur arrivée. Les Compagnies sont même sujettes à des indemnités en cas de retard !...

Pour les animaux il n'existe rien de pareil en petite vitesse !

Les tarifs spéciaux (P. V. n° 1), applicables aux animaux, accordent des réductions sur les taxes du tarif général ; mais c'est en imposant des conditions onéreuses aux expéditeurs et aux destinataires.

Tout d'abord, comme je l'ai déjà dit, ces tarifs ne visent que des expéditions par wagons complets ; à moins donc de payer comme pour un wagon complet, il faut, pour les envois partiels de 1 à 4 ou 5 bêtes, se soumettre aux prix et conditions du tarif général.

En second lieu, ces tarifs limitent à 1.500 fr. la valeur maxima des chevaux à transporter et celle des poulains à 300 fr. C'est encore une façon pour les Compagnies de diminuer leurs responsabilités en cas de perte ou d'accident.

Une disposition qui a encore fait l'objet de critiques de la part du commerce est celle qui, sur plusieurs réseaux, consiste à frapper de la taxe du tarif général les animaux qui sont en excédent sur le chargement d'un wagon et qui ne suffisent pas pour constituer un autre wagon complet. Il semble pourtant qu'un expéditeur de 10 ou 11 chevaux ne doit pas payer les taxes du tarif général pour les 2 ou 3 têtes qui sont en excédent du nombre qui a fait le chargement d'un wagon.

Plusieurs réseaux (l'Ouest et l'État) l'ont compris. Leur taxe de transport des animaux excédant le chargement est calculée d'après le prix par tête des animaux composant le wagon, les Compagnies se réservant d'utiliser les emplacements disponibles dans le deuxième wagon incomplètement chargé. C'est une disposition à généraliser sur tous les réseaux.

Le commerce se plaint encore de la parcimonie avec laquelle les Compagnies accordent des permis aux hommes chargés de surveiller et soigner les animaux en cours de route.

Il voudrait que les Compagnies accordassent un permis AR par wagon en se basant sur ce fait que deux hommes peuvent difficilement surveiller des expéditions de 25 à 40 chevaux, comme il s'en fait quelquefois et pour lesquelles deux hommes seulement sont admis à circuler en franchise.

Il est, évidemment, de l'intérêt des Compagnies, aussi bien que des commerçants, d'assurer, au moyen d'un nombre de gardiens suffisant, la conservation en bon état d'une marchandise aussi chère et aussi délicate que les chevaux.

Nous n'insistons pas sur les réclamations de détail qui ont été formulées ; nous avons voulu appeler l'attention sur les points principaux de la taxification, à savoir sur le prix des transports, sur les délais de transport, sur les anomalies que présentent les tarifs et sur les responsabilités qui incombent aux Compagnies.

Les Chemins de fer, on ne saurait trop le répéter, ne sont pas de simples transporteurs ; ils constituent un véritable service public ; comme tels, ils ont des devoirs à remplir envers le pays ; ils ont à favoriser également toutes les branches de la production, et particulièrement la production chevaline, qui intéresse à un si haut point la prospérité du pays et la défense nationale.

L'élevage est, d'ailleurs, l'un des meilleurs clients du chemin de fer, puisque le trafic auquel donnent lieu les animaux s'élève annuellement à près de quarante millions de francs.

Les Compagnies sont donc les premières intéressées au développement de l'industrie chevaline.

CONCLUSION

Comme conclusion aux considérations qui précèdent, j'ai l'honneur de vous proposer d'émettre l'avis qu'il y a lieu de réformer les tarifs de transport, en ce qui concerne les chevaux, d'après les indications ci-après :

1° Unification des tarifs relatifs au transport des chevaux sur tous les réseaux de chemins de fer ;

2° Taxation à la tête et par kilomètre, en adoptant les prix du tarif de l'Est pour les transports en wagons-écuries, et ceux de P.-L.-M. ou de l'Etat, pour les wagons à bestiaux ;

3° Taxation des animaux d'un même expéditeur en excédent du chargement d'un wagon, comme celle des animaux constituant le chargement complet d'un wagon ;

4° Taxation uniforme sur tous les réseaux à o fr. 10 par tête et par kilomètre, des juments poulinières se rendant à un établissement de monte ;

5° Diminution de moitié des délais de présentation des animaux à la gare de départ, ;

6° Remise aux destinataires des animaux dans les deux heures au plus tard qui suivent leur arrivée, même de nuit;

7° Suppression de la petite vitesse pour le transport des animaux et son remplacement par la petite vitesse accélérée, comme cela a lieu pour les denrées des Halles ;

8° Suppression des clauses déchargeant les Compagnies de toute responsabilité des dommages causés aux expéditeurs par les retards, pertes ou avaries du fait des Compagnies ou de leurs agents ;

9° Délivrance des permis gratuits AR pour les hommes chargés des soins à donner en cours de route aux animaux, à raison d'un permis par wagon chargé. (*Très bien ! Très bien ! Adhésion unanime.*)

En accueillant ces vœux, les administrations des réseaux répondront aux demandes unanimes de l'élevage et du commerce dont la Chambre syndicale du commerce des chevaux, la Section du pur sang de la Commission permanente de notre Congrès, l'Association des propriétaires de chevaux de France et des Colonies et enfin la Chambre de Commerce de Paris, se sont faits les interprètes et que le Congrès hippique voudra bien appuyer énergiquement de sa haute et légitime autorité.

Nous avons l'espoir que les Compagnies de chemins de fer, qu'on accuse bien à tort, souvent, d'être rebelles aux améliorations, sauront, éclairées sur vos besoins et vos desiderata, écouter aujourd'hui votre voix et nous donneront pleine satisfaction. (*Applaudissements répétés. L'orateur reçoit de nombreuses félicitations*).

M. le vicomte d'Harcourt. — Je crois que tous les éleveurs de pur sang s'associeront aux conclusions du très intéressant rapport que nous venons d'entendre. Nous insistons tout particulièrement sur les points suivants :

« 1° Que les poulinières, suitées ou non, bénéficient,
« sur tous les réseaux, des avantages du tarif spécial
« appliqué aux chevaux de course ;

« 2° Que l'application du tarif spécial ne décharge pas
« les Compagnies des responsabilités qui découlent des
« retards et des accidents. » (*Applaudissements*).

M. E. Tisserand. — C'est exactement ce que j'ai demandé.

M. le vicomte d'Harcourt. — Alors nous avons satisfaction.

M. Decker-David. — En remerciant M. Tisserand de se montrer le défenseur toujours si dévoué aux intérêts de l'agriculture, je me permets, au nom de la section du pur sang de la Commission permanente, de prier M. le Président de vouloir bien donner la parole à M. le marquis de Tracy, chargé de faire un rapport sur la même question.

M. le Président. — Je suis obligé de suivre l'ordre des inscriptions et de donner la parole à M. Lazard.

M. Lazard, *président de la Chambre syndicale du commerce des chevaux.* — Je veux remercier M. Tisserand d'avoir bien voulu apporter l'appui de sa grande compétence au rapport que j'ai rédigé, au nom de notre Chambre syndicale, pour demander l'amélioration des tarifs et des modes de transport des chevaux par chemin de fer, et dont les conclusions ont été adoptées par tous les conseils généraux intéressés. Mais je tenais à bien spécifier devant le Congrès, comme je l'ai fait dans mon rapport, que pour les expéditions en wagons-vachères, l'Ouest et l'Orléans ne donnent pas de *wagons complets,* attendu que sur ces deux réseaux le tarif dit par « wagon complet » n'existe pas; et comme ce sont les réseaux qui transportent le plus de chevaux, il est d'une importance capitale pour les éleveurs et les marchands qu'ils soient mis en demeure de créer ce tarif.

M. Tisserand. — En demandant la taxation uniforme sur tous les réseaux, je réponds à la demande que formule M. Lazard.

M. Lazard. — Au point de vue des tarifs, oui, mais non au point de vue du mode de transport.

M. le Président. — La formule est générale.

M. Lazard. — Alors, je vous remercie.

M. le Président. — La parole est à M. de Tracy pour donner, au nom de la section du pur sang, communication du rapport qu'il a rédigé de concert avec M. Bedout.

M. le marquis de Tracy. — Messieurs, la réglementation des relations constantes des écuries de courses et de l'élevage avec les Compagnies de chemins de fer ont été l'objet, dans la section du cheval de pur sang, d'observations diverses que nous avons mission de résumer succinctement ici.

Certes, la tâche du haut personnel dirigeant ces grandes administrations est particulièrement ardue. Les améliorations dans le service témoignent du souci qu'apportent les chefs dans le fonctionnement si compliqué de l'exploitation.

Aussi nous suffira-t-il, sans aucun doute, de signaler à leur attention quelques points de détails, qui ont échappé à leur vigilance. Nous osons dire que s'il y était fait droit, ainsi que nous l'espérons, il en résulterait, de part et d'autre, une amélioration sensible, sans frais nouveaux.

Ces vœux portent sur trois points principaux, les *tarifs*, le *matériel* et les *transports*.

TARIFS. — Le tarif le plus usité est le G. V. nº 12. Il s'applique uniquement au cheval de courses. Nous reconnaissons volontiers qu'il donne lieu à des abus, abus qu'on ne saurait imputer aux spécialisés, qui apportent dans leurs rapports avec les Compagnies toute la réserve, la délicatesse désirables.

L'industrie des courses a pris une grande extension. Elle entre pour une assez grosse part dans les recettes des Compagnies. Aussi nous paraîtrait-il équitable de généraliser ce tarif à *l'espèce entière du cheval de courses, étalons et poulinières, comme le fait la Compagnie P.-L.-M.* Il en résulterait une netteté, une simplification dans les relations, que des recettes, de ce chef toujours plus importantes, ne tarderaient pas à compenser.

Par ailleurs, ce tarif, en cas d'accident, supprime de la part des Compagnies toute responsabilité.

Or, pour parer à ce danger, pourquoi ne pas instituer dans les gares *des dépôts de carnets d'assurances de voyage*, qui, moyennant la délivrance d'un ticket supplémentaire, permettraient au chargeur de couvrir, par un faible déboursé supplémentaire, tous les accidents de transport ? Cette mesure généralisée ne pourrait être que favorablement accueillie ; les risques des Compagnies seraient, par là même, entièrement supprimés.

De plus, la pratique du tarif G. V. 12 n'est pas uniforme dans toutes les Compagnies. Il est des propriétaires qui annexent à leur écurie des wagons pour le transport de leurs chevaux ; le matériel des Compagnies n'étant pas mis à contribution, il semblerait en découler une modération des prix de voyage.

On nous dit bien, au contraire, que la Compagnie P.-L.-M., par exemple, au lieu de percevoir le tarif par tête, comme lorsqu'on use de son matériel, impose aux propriétaires le paiement des troix boxes ordinairement ménagées dans cette catégorie de wagons-écuries.

De sorte, qu'un cheval expédié, de cette façon, de Paris à Lyon, paiera trois places au lieu d'une.

Il nous a semblé qu'une pareille exigence est contraire à la plus élémentaire équité.

C'est pourquoi nous espérons que l'unification de ce tarif dans toutes les Compagnies ne tardera pas à porter remède à cet abus.

MATÉRIEL. — De ce chef encore, plusieurs plaintes se sont produites.

Sur certains réseaux, le matériel est usé, les wagons sont petits, les quais d'embarquement sont d'un accès dangereux et souvent causent de regrettables accidents.

Il est arrivé à des éleveurs, rendant leurs poulains à Deauville, de se trouver dans l'obligation de se soumettre à un transbordement en cours de route sous peine de se voir refuser tout accès sur la Compagnie correspondante. Or, il s'agit le plus souvent d'animaux sortis le jour même de l'herbage, affolés, sans dressage et dont la manipulation offre de grandes difficultés.

Sur les quais d'embarquement anglais, des emplacements spécialement aménagés, si je ne me trompe, où sont disposés des barrages clos, facilitent singulièrement l'accès des animaux dans les wagons.

Les Compagnies n'auraient pas grands frais à adopter ce dispositif.

A Trouville, où tous les ans plusieurs centaines de yearlings sont amenés, il n'existe, ni pour l'embarquement, ni pour le débarquement, aucun garage approprié. Aussi, les accidents sont-ils fréquents. Des chevaux tels que Prestige, Moulins-la-Marche, conduits yearlings, en 1904 (pour ne pas remonter plus haut), aux ventes de Deauville, ont été eux-mêmes exposés à des accidents qu'un peu de bonne volonté de la part de la Compagnie de l'Ouest ne tarderait pas à atténuer par l'adjonction d'une enceinte, tout au moins momentanée.

TRANSPORTS. — Ici les doléances sont incessantes. Des chevaux, pour lesquels il a été perçu le tarif de grande vitesse, arrivent péniblement, longtemps après les délais, par les trains de marchandises. Les Compagnies déterminent les convois qui donnent accès à ces animaux ; mais si le service est chargé, les wagons stationnent quelquefois vingt-quatre heures dans une gare, pour peu que l'homme de voyage soit timide, ou peu rompu aux sous-entendus pratiqués.

Un vœu qui s'adresse spécialement à la Compagnie du Nord, dont nous nous plaisons à louer ici la parfaite organisation du transport des voyageurs, les jours de courses à Chantilly, se réfère à l'allongement des quais d'embarquement. Ce travail faciliterait singulièrement le service de départ et d'arrivée, tout en accélérant les opérations et en supprimant les manœuvres nécessaires aujourd'hui.

Quoi qu'il en soit, il n'en surgira pas moins encore des différends entre les Compagnies et les chargeurs, différends qui sont souvent, trop souvent suivis de procès. En fait, l'expéditeur et le destinataire sont, la plupart du temps, peu

6

aptes à lutter, même avec toutes les apparences favorables, avec un spécialisé, le chef de gare, qui, lui, est rompu à toutes les finesses de la matière au point de vue contestations possibles.

Les frais d'un procès, auquel ils se voient le plus souvent acculés par les agents trop zélés des Compagnies, les amènent à une résignation toujours onéreuse.

Aussi, verrions-nous avec plaisir les Compagnies se prêter à l'*arbitrage*, s'il était demandé par l'intéressé.

La généralisation de cette procédure constituerait un progrès, tout en procurant très certainement une amélioration considérable dans les relations, sans nouvelles dépenses, sans nécessiter un supplément de personnel.

Par ailleurs, l'étude préalable des taxes est chose inaccessible au public. Ne serait-il pas possible aux grandes Compagnies de condenser les parties essentielles dans une sorte de *manuel*, à la disposition du public, où seraient résumés les tarifs, unifiés une fois pour toutes, sous une forme claire, avec des responsabilités bien définies, des attributions strictement limitées ?

Il en résulterait une sécurité pour le chargeur, qu'il cherche vainement dans la réglementation touffue des Compagnies.

Sans aucun doute, les causes de conflits, que des règlements trop vagues, disséminés dans d'énormes compilations, peu compréhensibles pour la masse, multiplient aujourd'hui, diminueraient sensiblement à la satisfaction générale.

Depuis quelques années, en France comme en Angleterre, la pratique du sport hippique, la vogue des courses deviennent tous les jours plus populaires.

Il semble tout indiqué que les grandes Compagnies de chemins de fer, qui sont appelées les premières à en bénéficier, règlent dans la mesure la plus convenable le service des propriétaires d'écuries de courses et des éleveurs, qui assument, du reste, la plus grosse part des frais.

En un pareil sujet, les détails les moins importants en apparence ne sauraient nous indifférer, en ce qu'ils concourent tous à l'objectif poursuivi : l'amélioration constante de l'espèce du cheval de pur sang en France, que les sélections les plus soignées ont doué d'une perfection de formes et de qualité qui le rendent aujourd'hui susceptible de se mesurer à armes égales avec les produits justement réputés de l'élevage anglais. (*Applaudissements.*)

M. le Président. — Cette communication est l'annexe, en même temps que le commentaire, du rapport si lumineux de M. Tisserand ; je crois donc lui rendre la justice qu'elle mérite en la joignant au rapport de M. Tisserand.

Messieurs, l'ensemble de ces documents vous a certainement frappés et je ne crois pas qu'il soit exagéré de dire qu'ils ont éclairé sur la situation embrouillée faite à l'élevage par les antinomies des divers tarifs. Je ne serais même pas étonné que cette lumière éclairât les administrations des chemins de fer elles-mêmes, et qu'elle leur donnât un peu conscience de leurs propres erreurs. J'aime à croire que si les anomalies qui viennent d'être signalées ont si longtemps persisté, cela est dû à l'habitude, à la routine et aux difficultés que les Compagnies elles-mêmes, après le public, ont à lire dans leurs propres tarifs. En un mot, je suis convaincu que les vœux proposés par M. Tisserand et par M. de Tracy auront pour résultat des rectifications nécessaires.

Je mets aux voix l'approbation des conclusions du rapport de M. Tisserand et du rapport de M. de Tracy.

(Ces conclusions sont adoptées à l'unanimité.)

M. Decker-David. — Le rapport élaboré avec une haute autorité par M. Tisserand, jettera certainement une lumière intense sur la question qui nous occupe ; mais cette lumière, nous la voudrions plus intense encore, et c'est pourquoi nous venons demander que ce rapport soit communiqué aux principales sociétés d'élevage, chambres de commerce et sociétés d'agriculture qui, en joignant leur action à la nôtre, nous donneraient plus de force pour obtenir les satisfactions que nous réclamons.

M. Lazard. — Pour ce qui est des chambres de commerce, je viens d'être avisé par M. le président de la Chambre de commerce de Paris, que cette chambre, dans sa séance du 13 juin, a adopté à l'unanimité les conclusions de mon rapport à la Chambre syndicale du commerce des chevaux, et qu'elle les a transmises à M. le Ministre des Travaux publics.

M. le Président. — La proposition de M. Decker-David implique évidemment l'approbation complète du rapport de M. Tisserand, mais je suppose que notre collègue ne distingue pas le rapport de M. Tisserand du rapport de M. de Tracy ?

M. Decker-David. — Je demande que tous les deux soient envoyés aux associations que je viens d'indiquer.

M. le Président. — Vous les unissez dans la même approbation et vous demandez au Congrès de décider que ces documents seront communiqués aux chambres de commerce, aux sociétés d'agriculture et d'élevage, c'est-à-dire que vous invitez la Commission qui sera l'émanation du Congrès, à suivre la question et à en provoquer une instruction plus complète en se faisant une sorte d'intermédiaire auprès des groupements qu'elle intéresse.

En ce qui me concerne, je n'y vois pas d'inconvénient, si ce n'est que ce travail serait peut-être tout naturellement fait par les ministères compétents si, au nom du Congrès, la Commission permanente saisissait le gouvernement de la question en le priant de vouloir bien faire cette enquête, car il n'y a pas de lien autre qu'un lien de courtoisie entre le Congrès hippique et les associations dont vous venez de parler, tandis qu'il y a un lien administratif et politique entre ces associations et le gouvernement. Il me semble que l'invitation venant du gouvernement et s'adressant aux chambres de commerce et aux sociétés d'agriculture aurait peut-être plus d'efficacité que la nôtre ; c'est une question d'à-propos que je vous soumets.

M. Decker-David. — Le gouvernement a beaucoup de choses à faire ; nous, nous avons à nous occuper sans délai de la défense de nos intérêts. L'effort que nous demandons au Congrès de faire ne sera pas très coûteux, puisque le rapport *in extenso* paraîtra dans le livre du Congrès et qu'il n'y aura qu'à l'en détacher pour l'envoyer aux chambres de commerce, aux sociétés d'agriculture et d'élevage, qui renforceront considérablement l'action du Congrès.

M. le Président. — Je mets aux voix la proposition de M. Decker-David.

(Cette proposition, mise aux voix, est adoptée).

M. G. Quilliard. — En ce qui concerne l'embarquement des chevaux, il y aurait peut-être lieu de demander une amélioration aux Compagnies.

Dans la plupart des gares, spécialement sur le réseau P.-L.-M , il y a, entre le quai et le wagon, un intervalle ibre dangereux pour les chevaux et qui est la cause de fréquents accidents. Il y aurait lieu d'apporter une modification à cette état de choses, par l'emploi de ponts convenablement construits, qui ne laisseraient aucun intervalle entre le quai et le wagon.

M. le Président. — Cette observation sera extraite du procès-verbal et jointe au rapport de M. de Tracy.

M. F. Caquet. — Je crois devoir rappeler que la Société protectrice des animaux, dont plusieurs membres du

Conseil d'administration sont ici présents, s'est beaucoup occupée de la question des tarifs des chemins de fer et surtout de la question humanitaire, si je puis ainsi parler, à l'égard des chevaux. Ses démarches ont exercé une certaine influence auprès des Compagnies. Nul doute que le Congrès hippique, qui mettra en mouvement le grand ressort de l'Etat, n'obtienne des satisfactions plus complètes et qu'à la suite de son intervention, les conditions de transport des animaux ne soient grandement améliorées.

RÈGLEMENT DE L'ORDRE DU JOUR

M. de Lagorsse. — Je dois annoncer au Congrès que le banquet aura lieu demain à midi, et non à 7 heures 1/2 du soir, heure à laquelle il avait été primitivement fixé. C'est pour avoir l'honneur de posséder M. le Ministre de l'Agriculture, qui part le soir même pour Milan, que nous avons modifié l'heure ; j'ajoute que M. le Ministre de la Guerre, qui ne pouvait pas venir le soir, assistera au banquet de demain midi. *(Très bien ! Très bien !)*

Je prie MM. les Membres qui ne sont pas encore inscrits et qui désirent prendre part au banquet de vouloir bien donner immédiatement leur adhésion.

M. Armand Gast. — Je demande au Congrès de vouloir bien fixer l'ordre du jour de la séance de demain matin. Aujourd'hui, figurait en tête de l'ordre du jour le rapport de M. de Lagorsse sur les travaux de la Commission permanente ; ce rapport n'a pas été lu ; je désirerais savoir à quel moment on compte nous en donner connaissance.

M. le Président. — Demain, au commencement de la séance.

M. de Lagorsse est, d'ailleurs, à la disposition du Congrès. Nous avions plusieurs orateurs qui désiraient faire aujourd'hui leurs communications, et c'est ce qui explique la petite modification qui a eu lieu.

M. le comte de Mun. — Je crois être l'interprète d'un certain nombre de membres du Congrès en demandant que ce rapport soit fait ce soir même, car demain matin beaucoup d'éleveurs seront retenus au Concours central et ne pourront pas assister tout au moins au début de la séance.

M. de Lagorsse. — Je dois vous dire que je n'ai préparé qu'un rapport succinct. Je suis secrétaire général du Congrès, mais je compte sur la collaboration des secrétaires des trois sections, qui sont des hommes particulièrement compétents : M. Baume, M. Le Gentil et M. Joubert, pour vous fournir tous les détails complémentaires nécessaires, s'il y a lieu. Quant à moi, mon intention est de ne donner qu'à grands traits les résultats de l'action de la Commission permanente.

La Commission permanente s'est réunie plusieurs fois ; elle a fait des démarches auprès des pouvoirs publics et elle a eu la bonne fortune de voir aboutir plusieurs vœux émis l'année dernière par le Congrès. Si vous désirez m'entendre séance tenante, je puis vous entretenir des résultats heureux que nous avons obtenus.

M. Riotteau. — A condition qu'il n'y ait pas de discussion, car il est déjà six heures et beaucoup d'entre nous ont pris des rendez-vous.

M. Emile Villiers. — Beaucoup en ont pris pour demain.

M. le Président. — En tout cas, ne perdons pas notre temps à discuter pour savoir si nous discuterons ou si nous ne discuterons pas.

M. de Lagorsse. — Il y a peut-être des questions spéciales qui seront soulevées accessoirement, et je regrette que M. Le Gentil n'ait pas pu se rendre à la séance ; mais je vois ici MM. Baume et Joubert, qui pourront compléter au besoin les renseignements que je vais vous donner.

L'année dernière, avant de se séparer, le Congrès a nommé une Commission permanente chargée de poursuivre l'exécution des vœux que le Congrès avait émis. Cette Commission permanente n'a pas perdu son temps. Elle s'est réunie le 8 juillet, quinze jours après la clôture du Congrès, sous la présidence de M. Ed. Caze.

Une des premières questions qu'elle a examinées est celle de l'emplacement pour le Concours central des races chevalines. Nous avons décidé de faire une démarche auprès de M. le Ministre de l'Agriculture pour demander que la Galerie des Machines fût conservée et, au cas où elle disparaîtrait, qu'un « agricultural hall » fût édifié dans les environs de la Porte-Maillot pour recevoir ce Concours central hippique. Nous agissions en même temps dans l'intérêt du Concours général agricole et de toutes les autres manifestations, sportives notamment, qui exigent un espace aussi grand que celui de la Galerie des Machines. Cette question n'a pas été résolue. La Ville de Paris, en effet, continue à vouloir démolir la Galerie et à transformer le Champ-de-Mars en vendant une certaine partie des terrains qui bordent l'avenue de la Bourdonnais et l'avenue de Suffren.

Au Sénat, M. Méline, d'accord avec ses collègues anciens ministres de l'Agriculture, a déposé une proposition de loi tendant à la conservation de la Galerie ; mais, ces jours-ci, j'ai entendu dire et j'ai lu dans des journaux généralement bien informés, que la Ville de Paris allait mettre à exécution la loi votée, qui tend à un nouvel aménagement du Champ-de-Mars entraînant la démolition de la Galerie.

Voilà le premier point sur lequel nous avons appelé l'attention de M. le Ministre de l'Agriculture. Il va sans dire que votre prochaine Commission permanente aura à se concerter avec les diverses sociétés intéressées pour obtenir satisfaction à cet égard.

Dans sa réunion du 4 octobre, la Commission a examiné une question qui s'imposait par l'urgence de sa solution : je veux parler des achats d'étalons par l'Administration des haras. Elle a émis le vœu que voici :

La Commission permanente du Congrès hippique de Paris, tenant compte de la déclaration faite par M. le Directeur des haras dans la réunion du Conseil supérieur des haras, le 14 décembre 1904, à savoir « qu'il était disposé, comme toujours, à acheter tous les étalons trotteurs qui seraient achetables de préférence à tous autres », demande à voir étendre cette déclaration à tous les *performers* de France, trotteurs ou galopeurs, quelle que soit la région à laquelle ils appartiennent, et émet le vœu que M. le Ministre de l'Agriculture veuille bien donner des ordres pour que cette promesse soit rigoureusement exécutée, c'est-à-dire que les achats d'étalons aient lieu en tenant compte, non seulement du modèle, mais encore et *surtout des origines et des performances*, et que le cheval de qualité éprouvée ait toujours la priorité.

Séance tenante, ce vœu a été transmis à M. le Ministre de l'Agriculture. Vous savez, d'ailleurs, qu'il a reçu satisfaction complète en ce qui concerne l'achat des performers.

Nous avions aussi à nous occuper du nombre des courses accordées au demi-sang à Paris.

Nous avons pensé qu'il était intéressant pour l'élevage de réclamer l'augmentation des courses de demi-sang. Les journées étant prises pendant la belle saison, nous avons demandé qu'elles eussent lieu pendant l'hiver et nous avons eu la bonne fortune, à la suite de démarches faites au Ministère de l'Agriculture, d'obtenir la création de deux journées de courses supplémentaires. Il y a plus : nous avons aujourd'hui la certitude d'en avoir huit pour la campagne prochaine. Voilà un second résultat obtenu.

En ce qui concerne les achats de la remonte, une nouvelle amélioration est à signaler.

Vous savez que la remonte achète les chevaux à 3 ans 1/2 ; aux termes du règlement, l'éleveur devait faire une déclaration six mois avant le 1ᵉʳ janvier pour pouvoir présenter son cheval ; beaucoup de propriétaires négligeaient d'accomplir cette formalité. M. Sarrien a bien voulu faire une démarche auprès de M. le Ministre de la Guerre et nous avons obtenu, qu'à défaut de cette déclaration préalable., il suffisait au propriétaire de produire une attestation signée du maire et d'un autre notable.

En dehors de ces questions principales, il y a eu beaucoup de vœux élaborés par les différentes sections et transmis aux autorités compétentes.

Ainsi, la date du Concours central a été l'objet de discussions très approfondies. Le Conseil supérieur des haras avait demandé que la date de juin fût remplacée par celle d'octobre. D'accord avec les différents syndicats hippiques et sociétés d'agriculture, la Commission permanente s'est prononcée, au contraire, pour celle de juin, laquelle a toujours été celle des concours régionaux hippiques et n'avait jamais soulevé d'objection. On avait fait craindre la période des chaleurs qui, en effet, se fit sentir en 1905 ; mais cette année-ci, la température s'est mise d'accord avec notre vœu. D'autre part, il n'est pas douteux que la semaine suivant le Grand Prix est certainement celle où il y a le plus d'étrangers et même de Parisiens à Paris. Ce vœu, qui fut porté par une délégation de la Commission permanente à M. le Ministre de l'Agriculture, attira sa bienveillante attention, et le Conseil supérieur des haras, consulté à nouveau, se rangea à notre avis.

A signaler encore d'autres vœux :

1º Celui émis, à la date du 20 janvier, sur la proposition de la section du trait, et demandant « que l'Administration des haras ne fasse point d'achats de chevaux de trait à l'étranger, l'élevage français pouvant suffire à tous les besoins, ce qui est vrai notamment pour la race ardennaise ».

2º Celui tendant à « ce qu'à l'avenir les cartes de saillie des juments de demi-sang contiennent une généalogie aussi complète que possible de la jument et de l'étalon, et qu'une place suffisante soit réservée à cette généalogie dans les nouvelles cartes de l'Administration des haras. »

Je crois que nous avons ainsi fait œuvre très utile et répondu à l'attente du Congrès. *(Très bien ! Très bien !)*

Si vous avez des explications à demander, je suis prêt à vous les fournir ; de leur côté, MM. les Secrétaires des différentes sections, qui sont des techniciens, pourront également vous les donner.

M. Armand Gast. — Je n'ai pas entendu parler du vœu du 4 novembre relatif aux achats de chevaux à l'étranger, et que nous avons considéré comme applicable spécialement aux demi-sang norfolks.

M. Baume. — Ce vœu pourrait faire naître une discussion assez longue peut-être, et comme on ne peut pas improviser à cette heure un débat sur un pareil sujet, je demande qu'on renvoie la séance à demain.

M. Emile Villiers. — La question était à l'ordre du jour.

M. Armand Gast. — Le rapport de M. le Secrétaire général était inscrit en tête de l'ordre du jour; il aurait fallu commencer par le discuter.

M. le Président. — Nous ne pouvions pas prévoir qu'il y aurait une difficulté quelconque à apporter cette petite modification à l'ordre du jour, aucune interpellation n'étant annoncée sur les travaux de la Commission permanente.

M. Armand Gast. — Les protestations que nous avons fait entendre contre ce vœu pouvaient faire prévoir cette difficulté.

M. Baume. — Ces protestations ont eu lieu à la séance du 2 décembre, et ont reçu satisfaction ; rien ne pouvait donc faire prévoir qu'on les renouvellerait aujourd'hui et qu'on grefferait une discussion à leur sujet.

M. le Président. — Je tiens à faire remarquer, qu'au début de la séance, on n'a présenté aucune observation sur l'interversion de l'ordre du jour. J'ai donné la parole à M. Lavalard, puis à M. Grandeau et à M. Tisserand, qui désiraient beaucoup faire leurs communications aujourd'hui même. L'importance de ces communications prouve au Congrès qu'il était naturel et courtois de déférer à leur désir. Aucune protestation ne s'est produite. Sans qu'il ait eu à en discuter, le Bureau a été unanime à penser que l'examen du rapport sur les travaux de la Commission permanente pouvait être remis sans inconvénient à la fin de la séance ou à la séance de demain matin.

M. J. de Kerjégu. — A-t-on consulté l'Assemblée pour intervertir l'ordre du jour ? Y a-t-il eu une décision du Congrès.

M. le Président. — Non, il n'y en a pas eu, aucun débat n'étant annoncé au sujet du compte rendu des travaux de la Commission permanente.

M. Riotteau. — On a interverti l'ordre du jour pour déférer au désir des orateurs.

M. le Président. — Cette interposition a eu lieu sur l'initiative du Bureau. Si une protestation s'était produite, j'aurais fait le Congrès juge de la question de savoir si on devait modifier l'ordre du jour.

M. de Lagorsse. — Il est très difficile de tout prévoir ; nous avons fait de notre mieux et je vous assure qu'il n'est pas commode d'organiser des réunions aussi nombreuses que la nôtre, et d'obtenir que des savants aussi qualifiés que MM. Grandeau, Lavalard et Tisserand, nous apportent des études aussi magistrales que celles que vous avez entendues et qui seront l'honneur du prochain volume du Congrès. Permettez-moi de vous dire que vous devriez avoir un peu plus de confiance dans la manière dont nous pouvons vous présenter ces travaux. Je sais qu'il y a une question qui vous touche beaucoup, qui intéresse la Bretagne et la Normandie ;

soyez convaincus que nous ne voulons pas étouffer la discussion. Mais si cette discussion était venue au début de la séance, elle risquait d'apporter dans nos délibérations une distraction un peu vive, comme prélude aux travaux du Congrès. Nous pouvons très bien nous expliquer franchement sur le rôle de la Commission permanente ; elle a cru agir au mieux des intérêts de l'élevage ; mais si vous avez des critiques à exercer contre elle, je vous demande de les formuler demain, et non à une fin de séance, quand presque tout le monde est parti. (*Très bien! Très bien!*)

M. Barrier. — Pour concilier tous les intérêts, ne pourrait-on pas fixer une séance supplémentaire qui aurait lieu demain soir?

M. le comte de Mun. — Nous demandons que la discussion soit fixée à demain soir, cinq heures.

M. de Kerjégu. — On pourrait mettre cette question en tête de l'ordre du jour de demain matin.

M. Emile Villiers. — Demain matin, entre neuf heures et midi, les éleveurs seront retenus à la Galerie des Machines pour la vente de leurs animaux. Je me joins à M. de Mun, pour demander que la séance ait lieu à cinq heures.

M. Decker-David. — Il est bien entendu que l'ordre du jour de cette séance supplémentaire ne portera que l'examen de la question soulevée au sujet du vœu relatif aux achats d'étalons à l'étranger.

M. le Président. — Parfaitement.

L'ordre du jour est donc ainsi fixé : demain matin, à

neuf heures, première séance pour la question du cornage et celle des concours hippiques à l'étranger ; demain soir, à cinq heures, deuxième séance exclusivement réservée aux comunications relatives à l'élevage breton. *(Assentiment général.)*

(La séance est levée à 6 heures 45).

Séance du Samedi 16 Juin 1906

Présidence de M. Ed. CAZE

La séance est ouverte à neuf heures et demie.

M. le Président. — La parole est à M. Viseur, pour permettre à notre honorable collègue de faire une communication sur la question des « Stud-Books ».

M. Viseur. — Messieurs, l'ordre du jour des séances du Congrès porte comme sujet de discussion : Les « Stud-Books », par MM. Lavalard et Viseur. La vérité est qu'il appartenait tout particulièrement à mon distingué collègue, M. Lavalard, de traiter ce sujet, qu'il avait déjà amorcé au précédent Congrès ; il était à même d'exposer avec compétence cette question, qui rentre dans le cadre ordinaire de ses études à la Compagnie des Omnibus.

Mon rôle sera limité à quelques points spéciaux de la production et de l'élevage de l'espèce chevaline que j'ai étudiés, non en simple dilettante, mais en expérimentateur dans ma propre exploitation agricole et, pendant près d'un demi-siècle, chez les principaux éleveurs de ma région. Je me bornerai, en conséquence, à vous exposer, aussi brièvement que possible, mes vues et les vues des praticiens les plus réputés, et surtout les plus indépendants, sur la production et l'élevage des chevaux de trait de la race boulonnaise, laissant naturellement aux collègues représentant d'autres régions et d'autres races, le soin de faire valoir eux-mêmes leurs desiderata et leurs doléances. Ce qu'on peut encore attendre de moi, c'est que je n'opposerai pas une région à une autre, quelque préférence que je puisse avoir; je suis trop heureux, en effet, que le nouveau programme du Concours ait fait disparaître des luttes qui ne pouvaient avoir aucune utilité et ne provoquaient pas le meilleur genre d'émulation. (*Très bien! Très bien!*)

Evolutionniste convaincu, déterminé en toutes choses, et par conséquent non révolutionnaire, j'applique à la production chevaline les règles de l'évolution et de la méthode scientifique. Aussi, il est une formule que j'ai inscrite en tête d'un chapitre de « l'Histoire du Cheval boulonnais », une formule dont je voudrais pénétrer tous ceux qui s'occupent de productions vivantes, parce qu'elle leur donnerait la plus grande sécurité dans leurs opérations : c'est que « tout ce qui vit est expression du sol et du climat, se modèle sur le milieu et change avec lui ». Et, pour ce qui concerne le cheval, le simple bon sens commande de faire combattre le milieu avec soi, en l'aidant de la sélection, du régime et d'une gymnastique fonctionnelle appropriée à la résistance de l'animal et au but poursuivi.

La sélection des reproducteurs dans le milieu auquel la nature les a impérieusement adaptés, est donc le moyen supérieur, celui qui s'impose dans la presque totalité des circonstances. Je conviens que pour nos races de selle, pour nos races propres à la guerre, la nécessité de pourvoir rapidement à la défense nationale, n'a pas toujours permis d'atteindre les effets sûrs, mais assez lointains de la sélection, et qu'il était nécessaire de recourir au croisement avec le pur sang anglais et arabe, comme on l'a fait avec succès, parce qu'on a soutenu le croisement — qui n'était qu'un simple mariage en parenté pour certaines races — par le régime et surtout parce qu'on n'a pas croisé des dissemblables, mais des parités de formes.

Pour nos fortes races de trait, les mêmes nécessités ne s'imposaient pas ; elles ne s'imposent pas de croiser des disparates, des formes sveltes, ovales, dirais-je, avec des formes massives, cubiques, déterminées par les produits et la configuration du sol, de tenter l'accord impossible de la flûte avec le tambour ; et la sélection trace la voie la meilleure, la plus économique pour faire très bien et très beau. (*Très bien ! Très bien !*)

C'est, du reste, ce que nos voisins les belges ont compris, et nous avons encore présent le souvenir de leur triomphe à notre Exposition universelle de 1900. Là, on a suivi les préceptes en honneur dans tous les temps, que Virgile a si admirablement décrits dans ses « Géorgiques » ; qu'Horace lui-même, qui ne fut pas seulement le poète de la vie heureuse, a évoqués en disant que les bons chevaux ont la vertu, les qualités de leurs pères (1) ; qu'un grand ministre, Colbert, a rappelés lors de l'organisation des haras, en recommandant « de chercher les meilleurs sujets *dans chaque race* pour en faire des étalons ».

Les éleveurs belges, se mouvant sans entraves, sous les efforts de l'initiative privée, sous l'inspiration de la sage Société agricole du Brabant et du Hainaut, ont tout rejeté du dehors, même nos boulonnais, que pendant longtemps ils avaient importés comme améliorateurs, et auxquels ils ont renoncé lorsqu'ils ont vu qu'on les amincissait dans le dessous, que leurs canons, plus compacts, plus denses, il est vrai, que dans aucune autre race de trait, ne correspondaient pas toujours suffisamment avec la masse et le poids du corps qu'ils devaient soutenir.

Quant aux demi-sang, ils les ont proscrits de la manière la plus absolue; et, par les méthodes rationnelles, ils ont fait des chevaux raccourcis, solides sur membres, au tempérament robuste, d'entretien aussi facile que de vente. Notre administration des haras peut témoigner de cette facilité de vente, puisque, chaque année, elle augmente ses achats d'étalons belges, malgré les plaintes des éleveurs français, qui sauraient faire l'équivalent, s'ils y étaient encouragés par les mêmes moyens qui ont réussi à nos voisins.

Les haras ont été institués tout particulièrement pour pourvoir aux besoins de la défense nationale, produire des chevaux de cavalerie et d'artillerie en qualité et quantité suffisantes pour parer à toutes les éventualités; et, je me plais à leur rendre cette justice qu'ils ont, depuis 1874, répondu à la grandeur de leur tâche et réalisé de sérieux progrès, avec le concours de trente-

(1) *Est in equis patrum virtus.*

cinq années de paix assurée par la République — ce qui n'avait pas été vu depuis des siècles — les conseils du Comité de cavalerie et les largesses du Parlement. A cette heure, les vides sont comblés ; on a créé des réserves et nous n'avons plus à craindre les angoisses éprouvées en 1870 où 1.500 canons, qui auraient pu faire notre salut au début des hostilités, sont restés inutiles faute de chevaux à y atteler.

Donc, au Midi, à l'Est, au Centre, à l'Ouest, la production des chevaux de guerre est prospère et abondante ; nous pouvons exporter et on s'y plaint, non sans raison, en présence de la concurrence de l'automobilisme, que les achats pour l'armée ne soient pas plus nombreux. Le Parlement ne se refuserait pas à une légère augmentation de dépense et peut-être aussi *pourrait-il étre fait appel aux produits du pari mutuel*, destinés à encourager l'industrie chevaline.

Mais la production des chevaux de trait est-elle aussi prospère et correspond-elle, comme elle le devrait, à tous les intérêts de l'élevage, aux besoins de l'agriculture, du commerce et de l'industrie ? Non, puisque malgré la variété de nos ressources, avec la région Boulonnaise, le Perche, les Ardennes françaises, dont les races de trait pourraient, si on le voulait bien, satisfaire à toutes les demandes ; avec le Nivernais et les Flandres, où il serait aisé de faire des chevaux d'embouche, pour les amateurs, comme on en fait sur quelques points de la Belgique, nous sommes devenus tributaires de nos voisins pour le choix de nos reproducteurs.

Notre insuffisance résulte, au moins pour la région que je connais le mieux, de croisements regrettables. Je me suis élevé ces années dernières, au Sénat, contre l'introduction de huit anglo-normands, sur vingt étalons que les haras entretiennent dans leurs dépôts du Pas-de-Calais. Le ministre promit de faire une enquête générale et, ce qui était plus rassurant, de consulter les sociétés agricoles, qui s'inspirent infiniment plus de l'intérêt général que de quelques intérêts particuliers. L'enquête est commencée, les sociétés agricoles n'ont pas encore été entendues mais elles le seront, car M. Ruau, qui s'occupe très intelligemment de sa charge et porte une attention très vive sur la question chevaline, ne serait peut-être pas éloigné de faire un premier pas vers la décentralisation, en ce qui concerne la production des chevaux de trait.

Huit étalons anglo-normands détenus par les haras et autant par l'industrie privée, c'est peu, me dira-t-on. Oui, c'est peu, si on ne voit que l'heure présente et quelques unités. Mais ces seize étalons, à soixante juments chacun, — nombre assez limité pour des fécondations presque certaines — c'est 960 saillies. Supposons au bas mot 480 produits et 240 pouliches par an, on arrive, au bout de 20 ans — il y a plus de 20 ans que l'expérience dure — on arrive à un total de 4.800 juments aux canons grêles, que là remonte rejette et que le commerce n'accepte qu'à très bas prix. La plupart restent pour compte à leurs propriétaires et ces derniers, ne sachant quel profit en tirer, les livrent à la reproduction et leur font jeter insensiblement leurs membres amincis dans la race.

Et, parce que ce résultat fatal ne se produit pas brusquement, d'une année à l'autre, les aveugles incurables, qui sont incapables de relier les effets à leur cause, ne le voient pas ; ceux qui le voient se taisent, qu'ils soient complices de ces errements, ou que, dansant devant le budget, dont les haras disposent à leur gré, ils ne soient pas assez indépendants pour parler.

Ces demi-sang anglo-normands, qui pourraient être bons pour d'autres destinations, sont ici les pires étalons. Tout d'abord, l'anglo-normand ne constitue pas une race définitivement fixée et on y observe trop communément des retours ataviques, des coups en arrière, à moins que, par des renforts *successifs* de pur sang, on ait éliminé tout du caractère normand, supprimé la chose pour ne garder que le nom. C'est une juxtaposition de deux races en perpétuelle révolte l'une contre l'autre, et avec la boulonnaise ce n'est plus un simple croisement, mais un mariage à trois. Mon ancien collègue et spirituel ami le docteur Treille, prétendait que ces sortes de mariages sont communs dans le monde ; je lui laisse la responsabilité de son dire ; je n'en ai pas été témoin, j'en ignore les produits, mais je sais que dans la race chevaline boulonnaise, arrivée à un haut degré de civilisation, les mariages à trois ne réussissent pas. (*Rires.*)

Et les haras, qui redoutent, comme je redoute moi-même, de

voir foncer la robe boulonnaise par l'étalon belge, ne redoutent pas, par une inexplicable inconséquence, de la foncer par le demi-sang anglo-normand : entre deux maux, celui-là serait pourtant de beaucoup le moindre.

Qu'on ne dise pas surtout que beaucoup d'éleveurs demandent des étalons de demi-sang : ce sont des fantaisistes et plusieurs, comme propriétaires des étalons en question, escomptent les pensions et faveurs dont les haras disposent. Il serait juste de les inviter à faire les frais de leurs fantaisies et de leur rappeler que la région boulonnaise constitue le milieu optimum pour la production du cheval de trait.

J'ai l'espoir que l'Administration des haras ne se considérera pas comme une église au dogme intangible et ne traitera pas en ennemis les éleveurs qui ne partageraient pas entièrement ses vues ; j'ai l'espoir que les promesses de décentralisation que le gouvernement vient de faire, promesses si réalisables à l'égard des chevaux de trait, ne resteront pas seulement des paroles et des sons : *berba et voces præterea nihil !* — (*Applaudissements.*)

M. Lavalard. — Messieurs, vous venez d'entendre mon honorable ami M. Viseur ; sans doute, je partage ses idées en ce qui concerne la protection de notre belle race boulonnaise ; je voudrais cependant apporter quelques rectifications sur certains points de sa communication.

D'abord, il a parlé de l'Administration des haras. Je ne suis pas son avocat et je ne suis pas chargé de la défendre ; chaque fois que j'ai eu un reproche à lui faire je le lui ai adressé moi-même. Si j'ai bien entendu, M. Viseur a dit que l'Administration des haras avait, de plus en plus, jusqu'en 1870, déterminé qu'elle seule pourrait choisir un étalon, quelle que soit la race à laquelle il appartiendrait.

M. Viseur. — Je n'ai pas dit cela. J'ai seulement critiqué l'œuvre des haras et signalé la détresse dans laquelle ils nous avaient laissés en 1870, sans avoir jamais crié gare !

M. Lavalard. — Le général Fleury, qui était, on ne peut pas le nier, un homme qui se connaissait en chevaux, avait, au contraire, fait décider par le gouvernement qu'au fur et à mesure que les races prendraient une tournure convenable pour la création des services, l'Administration des haras laisserait les sociétés opérer elles-mêmes. L'Administration actuelle a plutôt exigé qu'on suivît ses conseils et elle a souvent envoyé des chevaux dans des départements où ils ne pouvaient certainement pas reproduire et perfectionner la race. Seulement, c'est l'Administration des haras qui domine, c'est elle qui donne la direction générale, et nous ne pouvons faire mieux que de nous adresser toujours à elle quand il s'agit de dépenses sérieuses pour avoir de bons étalons.

Le discours que j'ai prononcé hier trouve ici sa place. C'est aux sociétés d'agriculture, aux syndicats agricoles de se concerter pour arriver à produire et à améliorer les races qui conviennent le mieux à leur région et dont l'élevage procure le plus de bénéfices.

Je voudrais qu'il y eût une plus grande unité de vues chez tous les éleveurs. Je ne veux pas me faire l'écho de certains racontars — permettez-moi ce mot — mais il est bien certain qu'en ce moment il n'y a pas dans l'élevage de la race boulonnaise l'unité de vues qui serait désirable. Je sais, d'une manière indirecte, qu'il s'est produit dans le Syndicat hippique boulonnais une petite division et qu'on n'y voit pas toujours les choses du même œil. Je vous ai cité hier un fait beaucoup plus sérieux : celui de la création du stud-book du département du Nord. Il y a certainement là quelque chose qui ne devrait pas se produire, et je compte sur l'influence de ce Congrès, qui nous permet de nous dire un peu nos vérités et de bien voir comment les choses se passent, pour arriver à déterminer l'Administration des haras à suivre les règles que vous indiquerez.

C'est dans ces conditions que vous améliorerez les différentes races de trait.

M. Viseur n'a-t-il point dit qu'elles périclitaient ?

M. Viseur. — Je n'ai pas dit un mot qui ait pu le faire supposer.

M. Lavalard. — Avant-hier encore, j'ai acheté une dizaine de gros chevaux de trait qu'on m'a surfaits de 200, 300 et 400 francs ; c'étaient des chevaux pour le service du camionnage que j'ai payés 1.600 et 1.800 fr. Pourquoi ? Parce que la concurrence est très grande en France et que l'étranger en achète beaucoup. Je suis ravi qu'il en soit ainsi, et j'aime mieux payer un cheval 300 francs plus cher, du moment que ce sont les achats à hauts prix qui en développent la production.

Ce que je reproche d'une manière générale aux Boulonnais et aux Percherons, c'est de vouloir faire trop bien pour la convenance des étrangers. Mais je ne m'en plains pas trop parce que, somme toute, on verse à la caisse, et je m'incline devant ce fait. Il est certain, néanmoins, qu'on fait plutôt un peu trop gros.

Tout à l'heure M. Viseur vous a dit qu'il ne faudrait plus faire dans le Nord que du boulonnais. Je viens de vous montrer que ce serait une erreur.

Il y a quelque chose de plus grave sur quoi je désire appeler l'attention des éleveurs. Vous savez que des poulains nés dans le Boulonnais vont se faire élever dans le pays de Caux ; c'est ce qui explique la confusion entre les cauchois et les boulonnais. Ces chevaux ne ressemblent pas du tout aux anciens chevaux, à l'ancien maréyeur, ce petit cheval qui venait de Boulogne ou de Calais à Paris en quelques heures apporter le poisson.

C'était un type de cheval qui avait autrefois sa raison d'être, car il ne s'agissait pas de tirer de lourdes charges : on ne lui demandait que d'aller vite pour amener aussi rapidement que possible la marée aux Halles. Aujourd'hui, au contraire, que demande-t-on ? On demande des chevaux forts qui en même temps puissent marcher rapidement, et ce sont ces animaux que les éleveurs de trait doivent s'appliquer à produire.

Mon honorable contradicteur a parlé du cheval belge ; mais le cheval belge est un cheval chez lequel la vitesse et la force ne sont pas alliées dans les proportions voulues. Mettez-donc deux chevaux belges à un omnibus, à une voiture de camionnage chargée de 3 à 4,000 kilos ; ils ne pourront pas aller au trot. Or, c'est précisément le mérite du boulonnais de pouvoir trotter en tirant de grosses charges ; et, je ne saurais trop le répéter, les éleveurs qui feront des chevaux assez « vites » et capables de tirer de lourds fardeaux, sont certains d'avance de vendre bien leurs produits et de les vendre à des prix élevés.

Cela a l'air d'un paradoxe, mais c'est cependant la vérité : l'automobilisme n'a pas du tout fait baisser le prix des chevaux.

Il se manifeste actuellement une certaine concurrence entre les percherons et les boulonnais ; les percherons sont jaloux de l'ampleur et de la grosseur des chevaux boulonnais ; ils oublient que leur cheval a des qualités particulières qui sont très recherchées, et qu'il n'y a pas de comparaison possible entre le cheval boulonnais et le cheval percheron. Mais la nature humaine est ainsi faite que lorsqu'on a vu un cheval d'une certaine sorte, qui vous a plu, on veut aussitôt le reproduire. C'est pour réagir contre cette tendance qu'il faut, comme l'a très bien dit mon savant collègue, que les départements qui sont favorisés par le sol, par le climat, pour l'évolution d'une certaine race, s'entendent, se mettent d'accord, fassent tout le nécessaire pour établir des livres généalogiques sur lesquels figureront de bons chevaux qui donneront beaucoup d'écus. (*Applaudissements.*)

M. le Président. — La parole est à M. Viseur.

M. Viseur. — Je suis très heureux d'être sur presque tous les points d'accord avec mon ami M. Lavalard ; j'ai cependant quelques réserves à faire. Je n'ai pas critiqué l'Administration des haras d'une manière générale, je n'ai examiné son rôle qu'au point de vue de la race chevaline boulonnaise.

Je n'ai pas dit davantage que nos races de trait étaient en dépérissement — je ne veux que du bien à la race boulonnaise ; — j'ai parlé simplement de l'amincissement du dessous chez cette dernière race. Depuis plus de trente ans, on a introduit des demi-sang dans la région ; ces étalons ont donné des produits qui sont restés pour compte à leurs propriétaires, et qui, finalement — je parle de la femelle et non du mâle — ont été livrés à la reproduction ; il en est résulté un amincissement du dessous de la race. Voilà le seul fait que j'ai établi.

Je n'ai pas dit non plus que le prix des chevaux de trait avait diminué par suite du développement de l'automobilisme. J'ai dit que l'automobilisme faisait une concurrence particulière aux chevaux de luxe, et que je verrais avec plaisir la remonte acheter un plus grand nombre de ces chevaux, précisément en raison même de la concurrence de l'automobilisme.

En ce qui concerne le cheval de selle, vous devez savoir autant que personne que la nature a indiqué ce genre de production. Laissez-la donc accomplir son œuvre, et elle ne manquera jamais de produire économiquement. Le jour où vous ferez du boulonnais dans les Pyrénées-

Orientales, vous perdrez de l'argent, et si vous faites des chevaux des Pyrénées-Orientales dans la région du Nord, vous en perdrez encore. Faites votre élevage dans les conditions indiquées par la nature, et vous produirez à meilleur compte. Nous ne demandons pas mieux que l'Administration des haras s'entende avec nous pour la production du cheval de trait. Moi qui voudrais être un conciliateur, je regrette toutes les petites difficultés qui existent; je désirerais que l'union s'établisse parmi nos éleveurs et que l'Administration des haras, jouant le grand rôle qu'elle avait autrefois dans le département du Pas-de-Calais, s'inspirât des désirs et des besoins manifestés par les sociétés agricoles, par nos syndicats, ainsi que par le Conseil général. (*Vifs applaudissements.*)

M. Lavalard. — Je ne veux pas contrarier mon honorable ami M. Viseur.

Il a raison quand il dit qu'on a aminci le dessous de certains chevaux. Il est bien certain que si vous jetez un coup d'œil sur les chevaux qui sont actuellement attelés aux omnibus — il y a beaucoup de chevaux cauchois — vous verrez qu'ils sont trop fins ; ils ont du sang, mais ils n'ont pas tout à fait les muscles nécessaires pour tirer leur charge. Nous nous en plaignons nous-mêmes et c'est aux éleveurs qu'il appartient de produire les chevaux indispensables pour nos services.

M. le Président. — La parole est à M. Baume pour exposer la question du cornage.

Le cornage et la loi sur les vices rédhibitoires

M. Baume. — Messieurs, une des grandes plaies de l'élevage, ce sont les procès qui menacent souvent les vendeurs de chevaux ; la plupart du temps, ce n'est pas sans une certaine crainte qu'ils voient partir au loin un cheval qu'ils viennent de vendre, et de toutes les causes de procès, la plus incertaine, assurément, c'est le cornage. Voilà pourquoi j'ai pensé qu'il serait intéressant d'examiner les différentes circonstances dans lesquelles un cheval peut être incriminé de cornage devant un expert. Nous avons la bonne fortune de compter parmi nos vice-présidents l'éminent directeur de l'École vétérinaire d'Alfort, M. Barrier, ainsi qu'un grand spécialiste vétérinaire, M. Gallier, et je ne puis que me féliciter d'exposer cette question en leur présence.

Voici d'abord quelques considérations générales tendant à définir le cornage :

Qu'est-ce que le cornage ?

Est-ce une maladie, une affection, une infirmité ? Quel est son nom scientifique ? Je laisse aux représentants de la science le soin de répondre.

Pour les profanes, il semble bien que le cornage est simplement un mot français désignant non pas une affection, une cause d'infirmité, mais simplement un symptôme, qui peut être attribué à diverses causes, ayant des caractères de gravité très différents.

Il arrive constamment que deux experts ont une opinion différente, sur le cas rédhibitoire d'un cheval susceptible de corner à un degré quelconque.

L'imprécision de la loi engendre une foule de procès, les prolonge, et jette l'incertitude dans le monde de l'élevage et du commerce.

Le moment ne serait-il pas venu de se demander si la science vétérinaire ne pourrait substituer à ce terme imprécis un terme plus précis ? Ce serait rendre un grand service à tous les propriétaires de chevaux. Un grand nombre, en effet, sont effrayés des conséquences coûteuses d'un procès soutenu au loin, et puisqu'il peut arriver qu'un expert reconnaisse un animal comme corneur, alors que leur vétérinaire l'a reconnu sain, ils préfèrent sacrifier une partie de sa valeur et le vendre sans garantie des voies respiratoires.

La confection d'un billet de décharge prête elle-même le flanc à des procès divers.

Un certain nombre de vétérinaires estiment que le cornage est *tout bruit anormal de la respiration.*

Avec cette définition, on peut susciter des procès pour la moitié des chevaux adultes, et les trois quarts ou les quatre cinquièmes des chevaux hors d'âge.

Examinons rapidement les cas les plus fréquents, dans lesquels se produit un bruit anormal de la respiration.

D'abord, le cornage résulte d'une demi-paralysie du larynx, empêchant l'épiglotte de se soulever normalement pour le passage de l'air et produisant par suite une insuffisance respiratoire et un sifflement. C'est là, selon moi, le *vrai cornage* et pour mon compte je n'en admettrai pas d'autre à titre rédhibitoire. Il peut être bilatéral ou unilatéral. Il résulte en général des gourmes et indurations des ganglions qui les accompagnent.

Est-il héréditaire? J'effleurerai la question plus loin sans prétendre la résoudre.

En dehors de ce cas, que j'appellerai pour les besoins de notre discussion le vrai cornage, je vais en examiner plusieurs qui peuvent donner lieu à des explications diverses, mais que je considère comme une série de cas de faux cornages.

C'est d'abord la contraction qui est fréquente et sans gravité, à mon avis, du moins.

Sur des hippodromes nous avons connu un grand nombre de chevaux qui, après avoir parcouru une certaine distance, produisaient un bruit anormal ; la respiration était bruyante et, ainsi qu'on dit vulgairement, ils tiraient comme des voleurs.

Un trotteur américain, Blackburn, a été entraîné en ma présence, quelquefois sous ma direction ; ce cheval faisait pendant 1,000 ou 1,500 mètres un bruit terrible parce qu'il tirait. J'en ai connu un autre qui faisait une musique tellement lamentable que j'ai prié de l'arrêter ; en 1900, il a fini par subir une opération à l'École d'Alfort ; à force de tirer dessus, on lui avait brisé la mâchoire ; sa respiration produisait un bruit analogue à celui que font les scieurs de pierres. Ce cheval, ainsi que d'autres, avait les voies respiratoires absolument saines ; lorsqu'il s'arrêtait, il ne faisait plus de bruit. Le cheval américain Blackburn et Craddock ont été présentés le même jour à la commission des haras de Versailles ; j'assistais à la présentation ; ils ont été mis à la longe et tous deux ont été approuvés, Blackburn à 800 francs, l'autre dans les mêmes conditions ; ce dernier fait la monte depuis huit ou dix ans et jamais il n'a été déclaré corneur, bien qu'attelé il ronflât par contraction.

Il y a dans certains cas un péril pour le vendeur lorsque des acheteurs, au lieu de faire mettre le cheval à la longe, pour le faire voir par l'expert, le font atteler, et il arrive, selon l'expression des maquignons, que le cheval commence à « dire quelque chose ». Le droit incontestable de l'acheteur, c'est de faire mettre le cheval à la longe.

Un second cas de faux de cornage est celui résultant des naseaux mal ouverts. C'est un vice très fréquent mais que je ne considère pas comme un vice rédhibitoire.

Il y a un grand nombre de chevaux qui ont le nez en bec de flûte. Lorsque ces chevaux là marchent à une certaine vitesse sur un certain terrain, ils peuvent faire du bruit, surtout au commencement. J'ai vu un trotteur — et il y en a beaucoup dans ce cas qui ont l'ancienne tête normande — qui faisait du bruit pendant 1,500 mètres et qui n'en faisait plus après. Les anciens anglais qui avaient chez eux de ces chevaux leur coupaient tout simplement les naseaux pour les agrandir. C'est un procédé qui vient, dit-on, des arabes, qui donnaient à leurs chevaux un coup de rasoir dans les ailes nasales. Cette opération qui, chez nous, aurait déprécié un animal, donnait aux arabes un bon cheval.

A mon avis, ce vice ne peut pas être considéré comme rédhibitoire parce qu'il est apparent et, quand je vois un cheval atteint de cette conformation, je m'attends toujours à l'entendre plus ou moins ronfler. C'est un cas qui peut donner lieu à des contestations, mais qui ne peut pas rentrer dans le cornage légal.

Il y a ensuite ce qu'on appelle, dans le métier des marchands de chevaux, le cornage d'écurie.

A l'écurie, au régime de la fourrière, le cheval n'est pas corneur, mais il l'est quand on le sort de l'écurie ; c'est pourquoi lorsque le cheval réclusionnaire sera soumis à une épreuve de vitesse, sa respiration produira un bruit anormal, de même que la respiration d'un homme serait anormale si on l'avait laissé longtemps enfermé dans une chambre.

Le danger de ce vice est que le vendeur demande une contre-expertise, et que lorsqu'on arrive à la contre-expertise, il est trop tard, le cheval est presque devenu corneur ; il est dans un état qui ne permet plus de juger utilement ses voies respiratoires.

J'ai eu un poulain qu'on n'osait plus remettre en liberté depuis trois mois ; au moment de le vendre, je prévins le vendeur que l'animal n'ayant été promené qu'à la main depuis plusieurs mois, il fallait le longer avec indulgence ; il faisait un bruit épouvantable ; j'en avait honte. Le vétérinaire, un homme consciencieux, l'arrêta et l'ayant écouté à plusieurs, reprises le reconnut très sain. Il l'était, comme il le prouva à l'entraînement.

Il peut y avoir des cas d'erreur pour des experts même très compétents, mais leur mentalité n'est pas toujours semblable ; on ne sait jamais quel expert on rencontrera ; en définitive, il y a toujours une épée de Damoclès suspendue au-dessus de la tête du vendeur.

Après le cornage d'écurie, je voudrais signaler une autre cause de cornage, l'âge.

Un cheval de 14 ou 15 ans, quelquefois même de 10 ans seulement, qui a beaucoup couru, n'a naturellement pas les voies respiratoires dans le même état qu'un poulain. Il en résulte des procès ; il y en a eu un notamment entre MM. Maassen et Gerber, à la suite duquel on a résilié une vente. La jument en question était vendue sans garantie et je dois ajouter que si le vendeur savait qu'elle cornait, ainsi que le jugement l'a dit, tout le monde le savait dans le monde du Trotting et l'acheteur pouvait le savoir aussi bien que le vendeur. Néanmoins, le Tribunal de commerce de la Seine et la Cour d'appel, ensuite, ont résilié le marché en déclarant que le vendeur était tenu de déclarer le vice qu'il connaissait. Cette jurisprudence a beaucoup ému les établissements où l'on vend des chevaux sans garantie, d'après une classe du catalogue.

Je ne veux pas m'étendre davantage sur ce sujet, qui me ferait un peu sortir des limites de mon étude, dont le but est simplement d'étudier le cornage au point de vue de ses différentes formes et des erreurs qu'il peut faire naître.

A propos de l'âge, il n'est jamais prudent de vendre un cheval de course âgée de plus de 6 ou 7 ans avec garantie des voies respiratoires. Il y en a peu, en effet, qui, dans la vitesse, n'arrivent pas à donner un bruit anormal, qui pourrait faire naître des contestations ; ce n'est pas du cornage à proprement parler, mais c'est en somme un commencement d'usure, qui provoque un bruit de vieux soufflet. Quant à moi, toutes les fois que j'aurai à vendre un cheval de courses ayant dépassé un certain âge, je stipulerai dans l'acte de vente que le cheval est vendu sans garantie de vice rédhibitoire à titre de cheval de course connu et essayé par l'acheteur, et je pense que dans ces conditions, il ne se trouvera pas de tribunal pour résilier la vente ; je n'en suis pas encore absolument sûr, car, en matière de procès de chevaux, tout arrive. (*On rit.*)

Je veux examiner maintenant un autre caractère des bruits anormaux de la respiration : Parmi les demi-sang trotteurs, le manque d'équilibre entre les moyens respiratoires et les moyens locomoteurs. Des produits sont issus d'étalons sélectionnés depuis plusieurs générations et de poulinières qui, depuis plusieurs générations aussi, vivent dans l'inaction la plus complète, n'ont jamais exercé leurs moyens respiratoires, n'ayant jamais été entraînées dans leur jeunessse. Il en résulte ce que j'appelle un manque d'équilibre entre les moyens respiratoires du sujet et les moyens locomoteurs que lui a transmis son père. C'était très fréquent chez les demi-sang trotteurs, au temps ou peu de poulinières avaient couru.

C'est un cas qu'on observe surtout sur les hippodromes. Voici un animal qui trottera le kilomètre en deux minutes et qui aura une respiration normale ; vous placez ce cheval sur un hippodrome, vous le poussez à marcher en 1'40", et vous contatez qu'il n'a pas les moyens respiratoires suffisants pour soutenir sa vitesse, parce qu'il n'a pas reçu de ses ancêtres maternels cette hérédité de la vitesse et, tôt ou tard, si le parcours est trop long, l'animal aura une sorte de congestion du larynx qui, pendant un moment, l'étouffera et produira un bruit anormal de la respiration ; après avoir respiré, le cheval repart, ayant fait ce qu'on appelle « la faute », et finit son parcours; vous pouvez l'écouter, sa respiration est nette. Ce cheval est-il corneur parce qu'il est capable de fournir une vitesse au-dessus de la moyenne? Dans un train normal, il aurait une respiration toujours normale et s'il est allé trop vite, pour 2,000 ou 2,500 mètres, c'est parce qu'il est généreux, parce qu'il est meilleur qu'un autre cheval, mais c'est aussi parce qu'il a dépassé la mesure de ses moyens respiratoires ordinaires, au point de s'étouffer et de ne pas pouvoir continuer dans cet excès de vitesse, qu'il a paru un instant corneur.

Je ne crois pas qu'il soit équitable d'essayer les chevaux à bout de longe jusqu'à ce qu'on arrive à leur faire perdre la respiration; je crois, d'ailleurs, qu'il n'est personne appartenant à l'humanité qui pourrait supporter qu'on le fît courir comme un cheval jusqu'à ce qu'il tombât essoufflé. Vous direz : c'est une question d'appréciation de la part de l'expert. C'est précisément ce dont nous nous plaignons, c'est que tel expert mette un cheval au rond pendant tant de tours et que tel autre le fera courir jusqu'à ce qu'il tombe essoufflé, jusqu'à ce que la bête ait jeté son cri, selon l'expression ordinaire. J'attends les observations que M. Barrier nous présentera à cet égard.

Il est un autre cas que je voudrais signaler, c'est celui des chevaux qui s'ébrouent, c'est-à-dire des chevaux qui respirent bruyamment; ce sont des chevaux qui ont une mauvaise habitude, qui sont peut-être mal élevés, parfois ce sont de bons sauteurs, mais ce bruit anormal de la respiration ne prouve pas qu'ils ont de mauvais poumons et nous ne savons pas encore si nous serons ici en présence d'un vice rédhibitoire.

Il y a un autre cas singulier; parfois, on déclare que des chevaux sont corneurs sans qu'on puisse savoir pourquoi. Le capitaine Lefèvre, écuyer de la région du Nord, racontait un jour en dînant à Caen avec moi et un vétérinaire de la remonte de Caen, le cas d'un cheval anglo-arabe qu'il avait possédé et qui, à un âge qui n'atteignait pas la vieillesse, commençait à corner, probablement à cause de ses 12 ou 15 ans. Il ne savait pas au juste pourquoi il faisait un bruit anormal; après consultation, il lui fit faire la trachéotomie. Il arriva que ce cheval cornait plus après qu'avant; on retira le tube de la blessure, qui, vous le savez, se referme très vite. Une fois guéri, l'animal cornait encore; alors on lui fit l'ablation de l'épiglotte et il cornait toujours. Ces opérations successives n'avaient pas augmenté sa valeur ; finalement, le propriétaire l'a sacrifié. On a fait l'autopsie, on a cherché la cause du cornage, et on n'a rien trouvé. Ceci me rappelle l'histoire de ce plaideur qui avait acheté un trotteur et qui, se trouvant en désaccord avec le vendeur, alla chercher un expert définitif en proposant que le cheval serait conduit à l'École d'Alfort et qu'on jugerait d'après l'autopsie s'il était ou non corneur. Selon que le cheval serait jugé corneur ou non, ce serait l'un ou l'autre qui paierait le cheval. On a fait l'autopsie et on a déclaré que le cheval n'était pas corneur. L'acheteur a perdu à la fois son cheval et son procès ; c'est la punition légitime du plaideur téméraire. (*On rit.*)

Toutes ces considérations m'amènent à me demander si le terme de cornage employé actuellement ne pourrait pas être remplacé par la science vétérinaire. Vous allez entendre à cet égard l'opinion de M. Barrier. En votre nom à tous, je lui demande d'avoir l'extrême bienveillance de nous dire si, d'après les expériences qui ont été faites, il ne serait pas possible d'avoir, au lieu de ce mot cornage qu'on a interprété, ainsi que je viens de vous le montrer, de différentes façons, un autre terme qui désignerait d'une manière très nette la même idée. Ne pourrait-on pas dire, par exemple, telle affection du larynx, si c'est là ce que la science considère comme cas rédhibitoire ; ainsi, on ferait disparaître toute cause d'erreur.

Je désirerais vous dire encore quelques mots au sujet de l'hérédité du cornage, sans toutefois me prononcer sur la question ; j'avoue même que je n'ai pas d'opinion personnelle et bien que depuis plusieurs années j'essaie de m'en former une, je n'y arrive pas et cela parce que je me trouve en présence de faits contradictoires. Il arrive à chaque instant qu'un animal est corneur et qu'on trouve un corneur parmi ses ascendants et, cependant, je suis pris de doute et je me demande parfois si on ne confondrait pas l'effet avec la cause.

En effet, dans une région humide comme la Normandie, il y a énormément de chevaux qui restent toute l'année dehors depuis l'âge de 6 mois jusqu'à l'âge de 3 et 4 ans ; il leur arrive de s'engourmer, ce qui est bien naturel ; cependant, on ne s'en occupe pas. Le retour des mêmes circonstances produit toujours les mêmes effets, mais il est bien difficile de savoir si l'atavisme joue un rôle dans le fait que je viens de vous signaler, ou s'il n'y a pas un concours de circonstances semblables autour de poulains de même famile.

D'autre part, je vous avoue que j'ai une grande tendance à croire à une certaine prédisposition à une laryngite qui, dans une certaine mesure, est héréditaire. Cette prédisposition apparaît plus souvent dans certaines familles mais surtout sous certains climats.

On a souvent dit que les chevaux normands avaient la réputation de corner et que lorsqu'ils allaient dans le Midi, ils ne cornaient plus. Les méridionaux ne font pas beaucoup attention au cornage. Nous savons que les belles voix de l'Opéra, que les ténors, ne se trouvent pas dans la plaine de Caen ; ils sont plutôt dans celle de Toulouse et il doit bien arriver aux animaux ce qui arrive aux hommes ; on peut donc tenir compte de l'influence de l'humidité et du climat sur les chevaux. Mais, le le répète, je me garde bien de me prononcer sur la question, car je ne puis apporter aucun fait décisif.

Il y a plus de dix ans que j'examine parmi les chevaux qui courent, ceux qui sont suspects de cornage ; j'en connais qui avaient cette réputation et j'ai examiné à ce point de vue quelques poulains dans leur descendance ; je dois reco nnaître que je n'ai pas trouvé de corneurs ; néanmoins, il peut s'en trouver dans les familles où il n'y en a jamais eu comme il s'en trouve dans celles où il y en a eu. On n'a pas de données suffisamment précises.

Le duc de Narbonne, par une fantaisie de grand seigneur, fantaisie peut-être bizarre, voulant en avoir le cœur net, a accouplé une jument incontestablement corneuse avec un étalon corneur ; il a même répété plusieurs fois l'expérience — M. Moulinet, qui est ici, est au courant de ces faits — le duc de Narbonne n'aurait pas obtenu de corneurs. Cela ne prouverait pas que l'hérédité ne peut pas se manifester dans certains cas, mais il est incontestable qu'un père et une mère atteints de cornage peuvent avoir des enfants indemnes.

Avant de terminer, je voudrais vous signaler le cas de certains chevaux de course que nous avons tous connus, qui avaient beaucoup de qualité, bien qu'ils eussent la réputation d'être corneurs. Nous avons tous connu le trotteur appelé Urufe, le champion de la grande distance, parti pour l'Amériqne. Ce cheval avait besoin d'être ménagé pendant les premiers mille mètres, mais pendant les trois mille mètres suivants, il atteignait une très grande vitesse, puisqu'il a établi le record de la vitesse en 1'31" sur 4,800 mètres, monté sous gros poids, à Rouen.

Le commandant de la remonte à Caen me posa un jour une question indiscrète. Croyez-vous, me dit-il, qu'Urufe soit corneur. Je lui répondis : « Mettez-vous près de la barrière de la piste où il passe et écoutez ». Le cheval venait de courir le kilomètre en 1'31" et le commandant me dit : « Il est corneur ». Je lui répondis : « Oui, mais vous voyez que cela ne le gêne pas ». Son acquéreur, M. Roy, l'a payé 8,000 francs, et il a eu beaucoup de peine à le revendre en France. On m'a offert de le voir attelé ; le cheval avait une respiration normale dans une vitesse de service. Il a été revendu pour l'Amérique.

Les Américains, en effet, ne connaissent pas le préjugé du cornage. Il font à ce sujet une réflexion assez juste. Qu'il soit corneur ou non, disent-ils, en parlant d'un cheval de grand ordre, nous ne demandons qu'une chose, c'est qu'il nous en fasse un aussi bon que lui. Aussi bien au sujet du pur sang qu'au sujet du demi-sang, si l'on attachait une trop grande importance au cornage, on éliminerait des chevaux de la plus grande valeur d'un certain nombre de familles, et on n'aurait pas employé par exemple la descendance d'Orme, représentée si remarquablement en France aujourd'hui.

Cette question du cornage est une des plus importantes. A un moment donné, nous pourrons faire œuvre plus pratique, mais nous pouvons du moins préparer dès maintenant une solution qui, je l'espère, sera favorable à l'élevage en diminuant le plus possible le nombre des procès pour chevaux corneur ; quant à moi, je souhaite que ce nombre aille toujours en diminuant car les procès de chevaux sont un des chancres de l'élevage (*Vifs applaudissements.*)

M. le Président. — La parole est à M. Barrier.

M. Barrier. — Messieurs, M. Baume me demande de vouloir bien lui donner des explications sur certains points et exposer au Congrès ce que la médecine vétérinaire entend précisément par le mot cornage au point de vue rédhibitoire ; il me demande encore si on ne pourrait pas remplacer le mot imprécis et trop peu scientifique dont il s'agit par un autre s'appliquant exclusivement à la paralysie du larynx ; enfin, quel critérium sûr on peut offrir à l'expert pour lui permettre de reconnaître le cornage légal. D'autre part, avec la prudence et l'habileté qui le caractérisent, il a effleuré une quantité d'autres points importants ; mais mon distingué collègue sera le premier à comprendre que si je devais m'arrêter sur chacun d'eux en particulier, il nous faudrait consacrer plusieurs séances du Congrès à cet examen.

Il vous a proposé des conclusions en vous montrant un peu ce qu'on pourrait faire. Je crois, à mon tour, qu'il est utile pour le Congrès de lui faire connaître ce qu'est le cornage au regard de la loi, et, dans une certaine mesure, ce qu'il est aussi au regard de la science.

Au point de vue de la loi, le cornage n'est ni une maladie, ni une infirmité ; ce n'est qu'un bruit anormal chronique de la respiration, et pas autre chose. Il faut nous maintenir sur ce terrain, ou bien dire : nous ne voulons plus de la loi.

Or, pourquoi la loi a-t-elle rendu ce bruit rédhibitoire ? C'est parce qu'il fait peser, je ne dirai pas toujours, — M. Baume nous a démontré qu'on ne peut pas généraliser à cet égard, — c'est parce qu'il fait peser sur l'animal une présomption d'insuffisance respiratoire permanente, d'ordinaire incurable, qui peut être grave à un moment donné et, par voie de conséquence, peut faire craindre une insuffisance locomotrice capable de nuire plus ou moins à l'utilisation du sujet. Voilà pourquoi le vice en question a été introduit d'abord dans la loi du 20 mai 1838, puis maintenu dans celle du 2 août 1884.

Mais ce bruit ne se produit pas sans raison ; il a pour cause un rétrécissement qui gêne le trajet de l'air sur un point ou sur un autre des voies respiratoires. Tantôt, ce rétrécissement a son siège dans les cavités nasales, tantôt dans le pharynx, tantôt dans le larynx, tantôt dans la trachée ; je ne crois pas que la science ait établi de cornages ayant leur siège dans l'arbre bronchique.

Quelles sont donc les causes du rétrécissement qui donne naissance au bruit dont il s'agit ?

Ces causes sont nombreuses et M. Baume a indiqué les principales.

La plus grave, la plus commune aussi, est celle qui consiste dans l'atrophie des muscles du larynx dilatateurs de la glotte. Cette atrophie est presque toujours la conséquence de la paralysie du nerf laryngé inférieur, nerf moteur du larynx. Tantôt elle siège sur le nerf du côté gauche, exceptionnellement sur celui du côté droit, plus rarement encore sur les nerfs des deux côtés. Mais ce n'est pas tou jours l'hémiplégie laryngienne ou la paralysie laryngienne qui donnent naissance au cornage, à cette atrophie des muscles laryngiens ; quelquefois cette lésion est due à des abcès du pharynx ou du larynx consécutifs à des gourmes graves. Dans ces cas, il peut se produire un épaississement, une induration du tissu conjonctif sous-muqueux qui, se propageant, atteint les muscles laryngiens, cause leur atrophie, puis l'affaissement des cordes vocales et, par suite, le rétrécissement engendrant le bruit du cornage.

Voilà la cause la plus grave, peut-être la plus commune, du rétrécissement ; mais il y en a d'autres. Des tumeurs dures peuvent exister sur le trajet des cavités nasales, du fait d'anciennes fractures, avec production de cals intérieurs ; ou bien ce sont des tumeurs molles dans les cavités pharyngienne ou laryngienne, sur l'épiglotte, sur les cordes vocales, à l'entrée du larynx ; d'autres fois, ce sont d'anciennes fractures des cartilages du larynx ou de la trachée, comme j'en ai rencontré fréquemment sur les vieux sujets qui viennent échouer dans les salles de dissection de l'École d'Alfort. Dans ces conditions, l'espace, qu'on appelle glotte, compris entre les deux cordes vocales, se trouve rétréci et les animáux cornent. Ces fractures sont parfois dues à des manœuvres brutales exercées par un explorateur vigoureux sur des cartilages fragiles chez les vieux chevaux où, ainsi qu'on le voit, ils ont quelque

tendance à s'ossifier. Il se produit alors des cals qui rétré-
cissent les voies respiratoires à leur niveau.

En d'autres circonstances, on constate des déformations de
la trachée qui ne sont pas toujours dues aux compressions d'un
collier trop court, mal ajusté, mais aussi à des vices de conformation que les animaux apportent en venant au monde et qui
sont incurables.

Voilà bien des lésions du cornage, et je ne parle que des
plus usuelles ! Assurément, elles n'ont pas toutes la même
gravité, mais toutes, quand il s'agit de les différencier et de les
établir, sont d'un diagnostic particulièrement difficile, qui explique les incertitudes, parfois les contradictions des experts,
voire du même expert qui examine un animal dans des conditions différentes.

Quant à la gravité des causes du cornage, elle est variable.
Les formes les plus graves sont celles qui résultent de la paralysie des muscles laryngiens. Mais, dans la pratique, tout cela
n'a pas une grande importance, si nous nous plaçons sur le
terrain de la loi. Or, celle-ci ne s'est pas préoccupée de demander à l'expert de rechercher les causes du cornage et d'en
déterminer la gravité. Elle ne lui a pas dit davantage d'apprécier les circonstances atténuantes dues à la conformation, à
l'âge, au défaut d'entraînement, en un mot, à toutes les influences que M. Baume a justement rappelées tout à l'heure.
La loi s'est bien gardée de ces exigences et elle a eu raison, car
en limitant le rôle de l'expert à la seule constatation du bruit
et de sa chronicité, elle a laissé encore la porte ouverte à de
trop nombreux procès. Si elle lui avait demandé de déterminer
les causes du bruit, d'en préciser le diagnostic ou d'en apprécier
la gravité, etc., etc., je vous demande à mon tour à quelles
complications elle se fût heurtée ? Les procès, les difficultés, les
contestations, non seulement entre les parties, mais encore entre
les experts, eussent été innombrables, et vraiment il n'eût pas été
nécessaire de faire une loi sur les vices rédhibitoires ; il aurait
mieux valu rester sous l'empire de l'article 1641 du Code civil,
c'est-à-dire des règles du droit commun qui régissaient les
transactions avant la loi de 1838. Je le répète, la loi n'a pas
voulu compliquer les choses ; elle s'est bornée à admettre que

la seule constatation du bruit et de sa chronicité suffit à faire peser sur l'animal une présomption de gêne respiratoire et locomotrice capable de nuire à l'utilisation et légitimant la rédhibition. En cela, elle a eu raison de laisser à l'acheteur le soin d'apprécier ce qu'il achète et d'en user suivant sa convenance, ses besoins, et son caprice ; pour ma part, j'estime qu'elle a bien fait de rester dans ces généralités.

Mais, quels sont les caractères du bruit qui décèle le cornage ?

J'avoue qu'ils sont plus faciles à indiquer qu'à percevoir et, dans certains cas, à démontrer.

Pour la plupart des vétérinaires actuels, le cornage· se traduit soit par un bruit rauque, soit par un râle grave, soit par une sorte de sifflement, dont le timbre, l'intensité, les manifestations, les conditions favorisantes, etc., varient à l'infini.

C'est vous dire — et peut-être ne serai-je pas d'accord sous ce rapport avec mon ami M. Gallier, qui est particulièrement exigeant — qu'il y a aujourd'hui des vétérinaires qui écartent systématiquement — je suis du nombre — ce qu'on peut appeler l'ébrouement et le ronflement. L'ébrouement et le ronflement sont des façons de respirer qu'ont certains chevaux, du fait de mauvaises habitudes qu'ils ont prises. Il y a des animaux, qui, comme nous, ont des tics ; pas autant, parce qu'ils ne sont pas aussi exposés que nous à en contracter ; mais vous avez tous vu des chevaux qui, en se mettant en marche, s'ébrouent pendant un certain temps et respirent en ronflant un peu. M. Baume a eu raison tout à l'heure de faire remarquer que le défaut d'entraînement provoquait l'essoufflement. Pour moi, l'essoufflement n'est pas du cornage. Par cela même, j'élimine tout de suite les formes de cornage, sur lesquelles M. Baume a appelé votre attention, caractérisées par une respiration pénible, bruyante, soufflante, qu'offrent souvent les sujets gras, à tête mal attachée, chargés de ganaches, mal entraînés et qui s'essoufflent facilement, de même que le simple soufflement nasal, l'ébrouement, que certains ont la mauvaise habitude de faire entendre pendant l'action.

Exercés à la longe, tous les animaux peuvent être essoufflés, même les chevaux de course les plus rapides ; le tout est de les longer suffisamment longtemps. Voilà comment je comprends les choses.

Je serai donc d'accord avec M. Baume pour demander au Congrès d'émettre le vœu que les experts écartent autant que possible, dans toutes les constatations relatives au cornage, ce qui touche à l'essoufflement proprement dit, à l'ébrouement et au ronflement. Je ne considère, comme véritable cornage, que le râle grave, le bruit rauque, ou le sifflement dont je parlais tout à l'heure ; mais pour apprécier ces bruits, il faut des techniciens.

L'expertise est, en effet, particulièrement délicate et difficile, bien que la loi écarte la recherche des causes et du caractère apparent ou caché du vice ; aussi convient-il de s'entourer de toutes les garanties voulues pour faire les deux constatations essentielles exigées : d'abord l'existence du bruit anormal, ensuite sa chronicité.

La *constatation* du bruit impose à l'expert d'employer tous les moyens qui lui permettront de le rendre très percevable ; il doit examiner le matin le cheval au repos, avant, pendant et après le repas ; avant, pendant et après l'exercice ; et il s'efforcera de se placer dans les meilleures conditions pour étudier et saisir la manifestation du vice, en exerçant par exemple l'animal au pas, au trot, même au galop, comme on peut le faire si facilement au marché aux chevaux.

La *chronicité* du bruit sera suffisamment établie, si après l'examen attentif de l'état général, du pouls, de la température et l'exploration minutieuse des voies respiratoires, aucune affection aiguë ne vient expliquer les signes anormaux de la respiration.

En résumé, l'expert ne devra se prononcer qu'en parfaite connaissance de cause ; s'il a des doutes après une première expertise, il ne devra pas hésiter à en faire une seconde. Que donnera cette expertise ? Dans certains cas, elle mettra sous les yeux de l'expert des chevaux qui ont un cornage très accusé et incontestable ; dans d'autres cas, elle mettra l'expert en présence de difficultés qui l'embarrasseront considérablement.

M. Baume a un peu spéculé — c'était d'ailleurs dans son rôle — sur les incertitudes, les difficultés, les lacunes, les contradictions, les erreurs qui résultent de ces cas embarrassants. Il a eu grandement raison de montrer combien il faut être prudent toutes les fois qu'on engage une affaire, et il n'a pas eu tort de dire qu'en matière de vices rédhibitoires on peut tout plaider et tout gagner. Qu'il me permette pourtant de lui faire observer que ces incertitudes et ces difficultés se retrouvent en fait de constatations médicales pour toutes espèces de maladies, dès qu'il s'agit de poser le diagnostic d'un cas embarrassant; même pour les affections les plus banales, il y a des divergences de vues souvent très grandes. Dès lors, qu'y a-t-il d'étonnant à ce que ces incertitudes apparaissent lorsqu'une partie a intérêt à attaquer l'autre? La solution de ce cas est particulièrement difficile, on peut même dire parfois arbitraire.

M. Baume a demandé tout à l'heure s'il n'existait pas de signes caractéristiques du cornage. Non, il n'y en a pas. En l'état actuel de la science, on ne peut dire qu'il y ait un symptôme univoque, invariable, du cornage ; au surplus, vous ne trouverez jamais en clinique de signes mathématiques, c'est-à-dire donnant dans toutes les circonstances une certitude absolue. En sorte que c'est, à dire d'experts, qu'il faut solutionner les conflits ; de là naissent les divergences, parce que les experts disposent d'un certain pouvoir d'appréciation, et que leur faculté de discernement peut varier dans les cas embarrassants.

Si j'insiste sur ce point, c'est que tout à l'heure M. Baume a fait valoir sa position, avec l'habileté, l'esprit et la finesse qui caractérisent son talent ; mais qu'il me permette de lui dire qu'il s'est mis sur un terrain que le législateur a écarté, en se préoccupant de déterminer la cause du cornage, sa gravité absolue ou relative au service ; en cherchant à plaider les circonstances atténuantes qui peuvent tenir à l'âge, à la conformation, au défaut d'harmonie entre les moyens respiratoires et les moyens locomoteurs, etc.

Je crois bien que mon distingué collègue a un faible pour le système anglais, que vous connaissez. En Angleterre, effectivement, il n'y a pas de loi sur les vices rédhibitoires. Au moment de la vente, on se borne à écrire et à garantir, dans des conventions particulières, ce qu'on veut. On pouvait agir ainsi en

France avant la loi du 20 mai 1838, mais on a renoncé à cette manière de faire ; pourquoi ? Parce que les conditions dans lesquelles l'acheteur et le vendeur sont placés au moment de la vente sont particulièrement complexes : il faut opérer vite tout en pesant bien ce qu'on écrit. Tous les contractants ont-ils l'intelligence, l'instruction, la compétence technique nécessaires ? Savent-ils assez se servir de la langue pour lui faire dire ce qu'ils veulent et rien que ce qu'ils veulent ? Non. Ces sortes de conventions fourmillent d'erreurs, d'obscurités, de dispositions vagues ou incomplètes qui donnent naissance à d'innombrables procès. Ce n'est pas dans de telles conditions qu'on peut traiter une affaire ; et la preuve, c'est que, d'après les renseignements comparatifs que nous possédons sur le nombre des litiges en France et en Angleterre en matière de vices rédhibitoires, la comparaison demeure tout à l'avantage de la France ; les procès sont beaucoup plus nombreux de l'autre côté du détroit que chez nous. Je serais donc obligé de me séparer de M. Baume si, toutefois, il voulait manifester sa préférence pour le système anglais.

Je ne vous ferai pas non plus l'injure de croire que vous aimez mieux sortir de difficulté en renonçant à toute espèce de garantie, car ce serait contraire à toute idée de justice, faciliter la fraude au lieu de la réprimer et livrer l'acheteur à la discrétion du vendeur.

Un Membre. — L'inverse se produit.

M. Barrier. — Cela ne veut pas dire que ce soit bien. Les intérêts de l'acheteur sont aussi dignes d'être défendus que ceux du vendeur. Je ne soutiens pas que M. Baume demande la suppression de toute garantie, mais le côté impressionnant de son intéressante communication, c'est qu'il argue des difficultés de l'expertise, des sévérités de certains experts, des divergences de leurs constatations, des erreurs mêmes qu'ils peuvent commettre, pour préconiser la suppression du cornage de la nomenclature ou pour engager l'Administration des haras à n'en pas tenir compte quelquefois. Sur ce terrain, je ne puis le suivre.

Pour moi, j'estime qu'il faut maintenir l'inscription du cornage dans la loi, car, si on ne la maintient pas, comme je l'ai dit à la Commission permanente, on ouvre la porte à tous les autres vices et l'on aboutit, en définitive, à la suppression même de la loi. Cette résolution serait des plus graves. Il faut se rappeler ce qu'était la situation avant la législation spéciale sur les vices rédhibitoires, c'est-à-dire avant le 20 mai 1838, et il ne faut pas oublier les bienfaits qu'on doit à celle-ci, ni les progrès qu'elle a permis de réaliser. C'était le régime du droit commun, réglé par les articles 1625, 1641 et suivants du Code pénal, condamné par les motifs mêmes qui ont amené le vote de la loi : diversité des coutumes locales, des cas rédhibitoires et des délais de garantie suivant les lieux ; variations et contradictions de la jurisprudence ; entraves aux relations commerciales, fraudes, procès, etc.

Vous n'ignorez pas que la loi a apporté de la précision en substituant une nomenclature très nette aux généralités, au vague, de l'article 1641 ; qu'elle a fixé la procédure et unifié la jurisprudence, supprimé les ventes simulées et les recours successifs qui favorisaient la fraude et multipliaient les consultations judiciaires ; qu'elle a obligé le vendeur à plus de loyauté, l'acheteur à plus de perspicacité et de prudence ; qu'enfin, elle a réduit le nombre des procès, facilité et protégé les transactions dans un commerce où la bonne foi, la probité sont souvent bannies, où la supercherie et la ruse sont fréquentes. Pour toutes ces raisons, j'estime qu'il vaut mieux la maintenir.

Une autre tendance de M. Baune le porte à dire : « Ne pourrait-on pas inciter l'Administration des haras à s'écarter de la loi chaque fois qu'elle trouvera qu'en matière de cornage le vice est peu accusé et que l'animal dispose de moyens respiratoires et locomoteurs suffisants pour lui permettre de rendre les services en vue desquels il est vendu ?

A première vue, cela paraît très rationnel, mais, à la réflexion, on s'aperçoit que cette idée est particulièrement délicate et dangereuse. *Délicate*, parce que si vous permettez aux Haras de ne pas respecter la loi, vous exposez les parties à leur arbitraire, à toutes les influences locales, politiques ou autres, souvent prépondérantes — pardonnez-moi de le dire — qui peuvent agir sur une administration pour faire accepter ou refuser le cheval présenté. *Dangereuse*, parce que nous ne savons pas sûrement déterminer, parmi les diverses formes de cornage, celles qui sont réellement transmissibles et celles qui ne le sont pas ; parce que le diagnostic différentiel de ces formes est hérissé de difficultés, de même que la part qui revient à chacune des influences qui les engendrent. Ce que nous savons, c'est qu'il y a des formes de cornage transmissibles par génération et d'autres qui ne le sont pas ; c'est qu'il en est que le climat aggrave, améliore ou guérit, alors que d'autres semblent plutôt subir l'influence des mauvaises conditions d'élevage et d'hygiène. Or, qu'elle est l'administration la mieux placée sous ce rapport pour faire la lumière ? C'est incontestablement celle des Haras, puisqu'elle peut entreprendre des expériences et des enquêtes scientifiques. Or, elle ne s'est bornée, en cette matière, qu'à des constatations purement empiriques, comme les éleveurs, les vétérinaires, le public en pouvaient faire. Au point de vue scientifique, ces données sont insuffisantes pour conclure. Il faut que nous puissions rapporter l'effet à sa cause. Tant que nous ne serons pas en possession de recherces précises, d'autopsies minutieuses, de statistiques bien recueillies, la question de l'hérédité du cornage restera encore obscure, mal définie, douteuse.

En présence de ces incertitudes scientifiques, la prudence commandait de prendre des précautions, des garanties, des mesures prohibitives contre les étalons corneurs, quelle que fût la nature de leur cornage, puisqu'on ne pouvait préciser sûrement s'il était ou non de forme héréditaire. C'est dans ces conditions que la loi de 1885 sur la surveillance des étalons est sagement intervenue, bien que, comme l'a fait remarquer M. Baume, elle ait condamné des innocents en même temps que des coupables et peut-être laissé passer des coupables. Je pense qu'il faut également maintenir cette loi ; si elle a eu des rigueurs, si elle doit en avoir encore pendant un certain temps contre des chevaux de valeur qui ne mériteraient pas d'être écartés de la reproduction, elle a justement exclu un grand nombre de géniteurs suspects très dangereux, ce qui est son excuse et son mérite. La science seule pourra la rendre moins aveugle, plus équitable ; mais ce n'est que lorsqu'elle aura pénétré plus profondément et transfiguré les méthodes de l'Administration des haras.

M. Baume a parlé des influences qui se mêlent à l'hérédité et la compliquent infiniment. On les connaît bien. Je rappellerai l'action prédisposante des climats froids et humides, les mauvaises conditions d'élevage, les écuries basses, obscures, mal ventilées, l'usage d'aliments avariés, les intoxications par le plomb, les moisissures ; la mollesse, le lymphatisme de la constitution, les suites de fièvre typhoïde, d'angine et de laryngite gourmeuses.

En Angleterre, le cornage est resté très fréquent, peut-être aussi parce qu'il n'y a pas de loi prohibitive ; certaines familles, celle des Melbourne, par exemple, y ont exercé une influence considérable. Melbourne avait le défaut très peu accusé — et M. Baume eût accepté cet étalon — ce qui ne l'a pas empêché de faire beaucoup de corneurs. En revanche, un de ses fils, qui cornait beaucoup, n'a que fort peu transmis ce vice ! En Normandie, la descendance d'Eastham a fait bien des ravages et elle a empoisonné la production vendéenne.

Vous savez que les éleveurs du Cap viennent en Angleterre acheter des chevaux corneurs pour les améliorer et même les guérir. M. Plazen m'a rapporté le cas d'une jument de pur sang corneuse qui, après un an de séjour en Algérie, s'est améliorée au point de ne plus corner du tout.

Mes conclusions sont nettes : tant que l'hérédité du cornage ne sera pas mieux élucidée, tant que la science n'aura pas déterminé les formes véritablement transmissibles et les non transmissibles de ce vice, il sera *imprudent de proposer l'abrogation de la loi de 1885 sur la surveillance des étalons et la suppression du cornage dans celle du 2 août 1884, comme aussi d'inviter l'Administration des haras à s'écarter, même exceptionnellement, de leurs dispositions.* N'est-ce pas trop déjà que celles-ci soient lettre morte pour les juments dont l'influence héréditaire peut être égale ou même supérieure à celle de l'étalon ?

Avant de terminer, je voudrais dire un mot de la non garantie. M. Baume a fait remarquer avec raison, qu'avant 1904 —

avant les récents jugements du Tribunal de commerce, du Tribunal civil et de la Cour d'appel de Paris — toutes les fois qu'un vendeur vendait en s'affranchissant de la garantie, il n'était pas obligé de déclarer le vice, ni de faire la preuve de son ignorance pour obtenir sa libération; il était admis que c'était toujours à l'acheteur à établir par des faits concluants, que le vendeur connaissait le vice. Je voudrais prier notre collègue M. Gallier de vouloir bien nous donner quelques explications à ce sujet, car il s'est spécialisé dans les questions de jurisprudence et peut, mieux que tout autre, indiquer au Congrès quelle conduite il convient de tenir désormais, pour bénéficier de la clause de non garantie stipulée par l'article 1643 du Code civil.

Comme conclusion à ces observations, je demande au Congrès la permission de lui donner lecture du vœu suivant :

Le Congrès hippique ;

Considérant que par deux jugements successifs, en 1904, les tribunaux de la Seine laissent penser, contrairement à la jurisprudence établie antérieurement par ces mêmes tribunaux, que ce serait non plus à l'acheteur à prouver que le vendeur connaissait le vice par lequel il a stipulé une clause de non garantie, mais bien au vendeur lui-même à démontrer son ignorance ;

— Qu'aux termes de l'art. 2268 du Code civil la bonne foi est présumée pour le vendeur aussi bien que pour l'acheteur et que c'est à la partie qui allègue la mauvaise foi à la prouver ;

— Que le vendeur en stipulant une clause de non garantie fait incontestablement acte de bonne foi à l'égard de l'acheteur qu'il avertit, incite à plus de prudence et à obtenir des conditions de prix plus avantageuses ;

— Qu'en obligeant le vendeur à prouver son ignorance, on exige de lui une démonstration toujours contestable et qui équivaut en tout cas à lui faire déprécier lui-même sa propre marchandise ;

— Qu'une telle exigence dépossède le vendeur du bénéfice de la clause de non garantie, à lui reconnue par la loi, et le livre à la merci de l'acheteur qui pourra facilement exploiter contre lui ses propres déclarations ;

— Que seront désormais rendues particulièrement difficiles, incertaines et onéreuses pour le vendeur, les ventes qui doivent être conclues rapidement, telles que les ventes aux enchères faites par autorité de justice, celles opérées par l'Administration des Domaines, par l'Intendance militaire, les

Syndicats professionnels, les Compagnies de transports en commun, etc.

Émet le vœu :

« Que le Gouvernement veuille bien user de son influence auprès du Parlement pour que la loi impose explicitement à l'acheteur l'obligation de fournir la preuve que le vendeur ignorait le vice pour lequel celui-ci a cru devoir stipuler une clause de non garantie ».

M. Baume. — Je crois avoir lieu de me féliciter d'avoir soulevé cette discussion, car elle nous a valu la charmante conférence que nous venons d'entendre.

Je n'ai pas l'intention de revenir sur la question de savoir s'il faut abroger ou non la loi sur les vices rédhibitoires ; c'est une question qui est trop grave pour être traitée en ce moment. J'ai simplement voulu avoir quelques éclaircissements et nous sommes très heureux de les avoir obtenus. Nous sommes obligés, nous, propriétaires de chevaux, d'assurer notre sécurité personnelle et lorsqu'on appelle un expert pour noter toute l'orchestration des bruits que fait un cheval, faut-il encore que nous sachions à quel {diapason se placent les facultés auditives de l'expert.

Je ne veux pas retenir plus longtemps l'attention du Congrès sur cette question, et je déclare me rallier à la motion de M. Barrier, motion qui est de nature à limiter, dans une certaine mesure, les incertitudes où l'on se trouve trop souvent.

M. le Président. — Comme vient de le dire si justement M. Baume, l'Assemblée est sous le charme qu'a provoqué la conférence si lumineuse dans laquelle M. Barrier a déployé, à côté d'une science anatomique et biologique qui ne nous étonne pas de sa part, des finesses d'appréciation juridique que pourrait revendiquer le plus autorisé des jurisconsultes.   .

Avant de mettre aux voix le vœu proposé par notre savant collègue, je donne la parole à M. Gallier.

M. Gallier. — Messieurs, je croyais que M. Baume demanderait la suppression du cornage de la nomenclature des vices rédhibitoires et, sous peine de passer pour orfèvre, je voulais combattre ses conclusions. M. Baume n'a pas été si loin et il vous a présenté des observations relatives aux difficultés que soulevait souvent la constatation du cornage.

Mon maître et ami, M. Barrier, en indiquant les causes du cornage, a singulièrement facilité ma tâche. Il vous a dit, avec sa très grande compétence, que le cornage n'est ni une maladie, ni une affection, ni une infirmité, que ce n'est qu'un bruit, et c'est parce que ce n'est qu'un bruit qu'on ne peut pas dire, après l'autopsie, si un cheval était ou non un corneur. Il faut donc constater ce bruit pour conclure à l'existence du vice rédhibitoire.

Qu'est-ce donc que ce bruit ? C'est un bruit qui varie dans son intensité, comme dans son timbre ; qui va du haut au bas de l'échelle diatonique ; est tantôt grave, tantôt rude, tantôt ressemble à un sifflement. Dans la plaine de Caen, notamment, où l'on essaie un grand nombre de chevaux, on constate qu'il y en a qui font entendre un bruit rauque, d'autres qui sifflent ; il y en a qui cornent d'un seul côté, d'autres à main droite et à main gauche ; d'autres encore qui ne cornent pas pendant l'exercice et qui se mettent à siffler au moment même où cesse l'exercice. Ce cornage, qui n'est qu'un bruit et se manifeste dans des conditions bien différentes, diffère toujours du souffle normal ; mais, pour qu'il soit rédhibitoire, il est indispensable qu'il n'accompagne pas une maladie aigüe.

On a donc à constater d'abord ce bruit, et ensuite, que l'animal n'est atteint d'aucune affection aigüe des voies respiratoires.

Comme l'a dit M. Barrier, les causes du cornage sont nombreuses. Quelles qu'elles soient, toutes celles qui diminuent le calibre des voies respiratoires amènent forcément une respiration plus ou moins difficile, plus ou moins sonore, plus ou moins bruyante, et pour qu'il n'y ait pas de difficulté — car la difficulté qui existe lorsqu'on veut constater le cornage réside dans l'interprétation du bruit — il faut partir de cette idée que tout ce qui n'est pas souffle normal, constitue du cornage.

On a dit que je poussais les choses un peu loin ; je soutiens que non. Qui permettra, en effet, de trancher la difficulté lorsqu'un expert dira : ce n'est pas du cornage ? Il faut reconnaître que si on admettait que tout ce qui n'est pas normal est anormal et constitue un vice rédhibitoire, ces difficultés n'existeraient pas. Comme on l'a dit, l'expert n'a pas à rechercher les causes, il n'a qu'à constater le bruit.

Il est cependant un point sur lequel je veux insister, c'est celui qu'a soulevé M. Baume : l'hérédité.

M. Baume a dit qu'il y avait des chevaux, des étalons corneurs et des juments corneuses qui ne produisaient pas de poulains corneurs. Cela est possible, mais, ce qui est certain, ce qui constitue un fait d'observation ayant toute la valeur d'un fait positif expérimental, ce que en Normandie, on a souvent constaté, c'est que les étalons corneurs, transmettent le cornage à leurs descendants. Ils leurs transmettent tout au moins une prédisposition à contracter ce vice ; et d'un mémoire remarquable fait en 1885, par M. Charon, un vétérinaire qui a longtemps exercé au dépôt de remonte de Caen, il résulte que soixante fois sur cent, chez les poulains d'ascendants corneurs, le cornage termine une affection des voies respiratoires ou une poussée de gourme. Il y a donc une prédisposition évidente à contracter le cornage chez les produits d'étalons corneurs ou de juments corneuses. Mais il y a plus : il y a des étalons qui ont fait la gloire de la plaine de Caen et de la race normande, et nombreux sont ceux qui, corneurs d'une façon notoire, ont produit des descendances nombreuses de corneurs. Leur liste est trop longue pour la citer toute entière. *Eastham*, pur sang anglais, produisant très bien au point de vue de l'esthétique et corneur outré, a partout laissé des traces de son passage. Son fils, *Chasseur*, et son petit-fils, *Ganymède*, étaient également corneurs. Un fils de *Ganymède*, *Troarn*, un carrossier superbe, a compromis pour de longues années l'élevage de la vallée d'Auge et produit une trop longue lignée de corneurs que ne rachetait pas leur beauté physique, leur conformation irréprochable.

Dans son mémoire, M. Charon cite les chevaux qui ont donné beaucoup de corneurs et ceux qui en ont donné peu. Parmi les étalons ayant la réputation de produire des corneurs, je citerai : *Usager, Québec, Despote, Pater*. Un fils de Pater, *Phare Normand*, a été dit longtemps corneur alors que l'Administration a toujours soutenu le contraire ; il produisait de nombreux corneurs. *Kilomètre* a donné beaucoup de corneurs et son fils *Qu'y met-on* jouit du même et triste privilège.

Il faut donc reconnaître que les étalons et les juments corneurs donnent des produits corneurs ; c'est pourquoi on ne doit pas abroger la loi sur la surveillance des étalons et c'est la raison pour laquelle je demande, depuis longtemps déjà, que les juments présentées aux concours de l'État, subissent un examen public. Elles doivent bien être pourvues d'un certificat de santé ; la plupart en ont un ; mais ces certificats sont souvent donnés sans que les bêtes aient été visitées, parce qu'ils sont demandés en septembre ou en octobre, à une époque où il serait parfois dangereux d'exercer les juments en rond, au galop. Comme les étalons, les juments de concours, susceptibles d'être primées, devraient être soumises à l'admission à une époque déterminée que l'on pourrait fixer, soit au mois de juin, soit au mois de juillet au plus tard. A Argences, des juments cornant au bout de la longe ont été primées ; je crois que ce n'est pas ce que veut la loi.

Au point de vue de l'examen des experts, il n'y a pour moi qu'un moyen d'avoir une certitude, c'est de procéder à l'examen au rond, au galop, dans un manège à air libre ou couvert ; on peut pousser à fond un cheval qui n'est pas corneur, on ne le fera pas corner. J'en ai fait nombre de fois l'expérience à Caen, alors qu'au dépôt de remonte on examinait les chevaux nouvellement achetés dans deux carrières contigües, un dans celle de droite et un autre dans la carrière de gauche ; on pouvait comparer leurs respirations et reconnaître bien plus facilement le cheval qui avait une respiration nette de celui qui cornait. Du moment que la respiration ne correspond pas au souffle normal on doit déclarer l'animal corneur ; c'est le seul moyen d'éviter les difficultés.

La paralysie du larynx, qui, cinquante fois sur cent est la

cause du cornage, ne peut pas être diagnostiquée du vivant de l'animal. Il y a des cas évidemment difficiles, notamment celui qu'on a cité, l'ébrouement, qui n'est pas un bruit comme le sifflement, la vibration des ailes du nez ; mais ce sont là des cas particuliers qui, en définitive, sont relativement rares.

Au faux cornage qu'a cité M. Baume, j'ajouterai le cornage qu'on a appelé le cornage caennais. Nous avons dans la plaine de Caen des chevaux qui cornent, et qui une fois transportés dans le Midi, ne cornent plus. On accuse alors les vétérinaires normands d'être trop sévères et de trouver les chevaux corneurs alors qu'ils ne le sont pas.

Je répondrai d'abord qu'il y a pour l'expert une véritable *éducation* de l'oreille à faire ; ensuite, qu'il est certain que ce changement de climat peut guérir le cornage ou tout au moins l'atténuer : *Ormonde*, qui était corneur, a été envoyé en Argentine où il n'a plus fait, paraît-il, de corneurs ; mais, revenu en Europe, il a donné de nouveau naissance à des corneurs.

J'estime d'ailleurs qu'il serait dangereux de modifier la loi existante et je vais en donner la raison.

Supposez que la loi soit abrogée. Qu'arrivera-t-il ? Il arrivera que les éleveurs achèteront des chevaux sans garantie et qu'ils se trouveront ensuite en présence de la Remonte, d'une part, et des Haras de l'autre qui, eux, exigent une garantie et qui même, à la garantie légale, ajoutent des garanties particulières pour la vue, la castration, etc. D'ailleurs, comme tous deux peuvent renvoyer un cheval sans dire pourquoi, vous n'aurez pas rendu service aux éleveurs en supprimant la loi, au contraire. Vous pourrez, me direz-vous, faire des conventions particulières, sous seing-privé, mais ce qui peut se pratiquer à tête reposée, ne peut avoir lieu dans la grande majorité des circonstances. Lorsque vous achetez un cheval à un marchand, sur un champ de foire, vous ne pouvez pas stipuler à la hâte des conventions sans que celles-ci, plus ou moins bien libellées, plutôt mal que bien, donnent lieu à des interprétations différentes et, par suite, à des procès.

A Caen — on dit que c'est le pays processif par excellence — les procès pour cornage sont rares, surtout depuis

la loi de 1884 qui a ordonné l'expertise contradictoire. Sous
l'empire de la loi de 1838, l'expertise se faisait la plupart du
temps arrière du vendeur ; aujourd'hui, sauf deux cas spéciaux,
l'urgence et l'éloignement, le vendeur doit être appelé à l'expertise et il est très rare que l'affaire ne s'arrange pas. Le vendeur
vient seul ou accompagné de son vétérinaire. L'expert procède
à l'expertise et, tout naturellement, doit s'entourer de toutes les
garanties pour que le cheval ne soit gêné ni par la bride, ni par
le collier. A mon avis, l'examen en rond est le seul pratique
car le cheval qui corne ou qui siffle est révélé comme corneur
au bout du troisième ou quatrième tour, du moins à l'oreille
d'une personne exercée. Si l'expert a des doutes, il suffit de
remettre le cheval à la longe deux ou trois jours après ce
premier examen. Le cornage persiste ou a disparu. Il y a des
chevaux qui n'ont pas l'habitude d'aller en rond, ces chevaux
se contractent, mais après un examen cinq ou six fois répété
ils ont l'habitude de cet exercice et ils galopent très bien, sans
renverser l'encolure.

Au point de vue des certificats de non garantie, on a cité des
cas de procès dans lesquels les vendeurs, après avoir obtenu un
billet de décharge, ont été obligés de reprendre leurs animaux
parce qu'ils n'avaient pas indiqué les vices pour lesquels ils
demandaient cette décharge. Cette jurisprudence n'avait pas été
appliquée jusqu'ici, mais il faut reconnaître que les motifs sur
lesquels elle repose, sont tout à fait juridiques. En effet, l'article
ticle 2 de la loi du 2 août 1884, déclare que les vices rédhibitoire qu'il désigne donnent seuls ouverture aux actions résultant
des articles 1641 et suivants du Code civil. Il s'ensuit donc que,
aux termes de l'article 1643, la convention de non garantie est
nulle quand elle a été stipulée pour des vices que le vendeur
connaissait et qu'il n'a pas déclarés. Un vendeur qui vend un
cheval sachant qu'il est corneur doit indiquer sur son billet
qu'il vend un cheval qui corne. S'il y a procès, la charge de la
preuve incombe, non pas au vendeur, comme le disait M. Barrier, mais à l'acheteur ; c'est à celui qui intente un procès à
faire la preuve du fondement de son action et, dans l'immense
majorité des cas, il est absolument impossible à un acheteur de
prouver que le vendeur connaissait le vice de la chose. Je sais

bien que d'aucuns s'appuient sur Laurent qui, dans ses « *Principes du droit civil* » soutient que c'est au défendeur, — dans l'espèce au vendeur — de prouver qu'il est libéré ; mais tous les auteurs sont unanimes pour admettre que c'est à l'acheteur de prouver par des faits précis, pertinents et concluants que le vendeur connaissait les vices de la chose, les a dissimulés ou ne les a pas déclarés. Dans les espèces soumises au Tribunal de commerce de la Seine et à la Cour de Paris, qui ont soulevé une réelle émotion dans le monde sportif, il y avait des lettres du vendeur qui établissaient qu'il avait connaissance du cornage dont son cheval était affecté.

Il faudrait donc dans la loi de 1884, demander la suppression de l'alinéa de l'article 2, qui renvoie aux articles 1641 et suivants du code civil et spécifier qu'il renvoie seulement à l'article 1641.

C'est une réforme désirable, car lorsqu'on vend un cheval sans garantie, il est certain que la vente a pris un caractère aléatoire ; il faut supposer que les parties ont tenu compte de cette circonstance dans la fixation du prix et que le vendeur a voulu se prémunir complètement, contre l'action rédhibitoire en garantie. Or, ce but est parfaitement licite, d'autant plus qu'il repose sur le consentement des deux parties. (*Applaudissements.*)

M. le Président. — La parole est à M. Barrier.

M. Barrier. — Je suis d'accord avec M. Gallier pour reconnaître que le Tribunal de Commerce de la Seine et la Cour de Paris ne pouvaient juger autrement qu'ils l'ont fait, puisque, dans les espèces qui leur étaient soumises, des lettres établissaient que les vendeurs avaient connaissance des vices pour lesquels les actions étaient intentées.

Mais il suffit qu'une autorité de la valeur de Laurent soutienne que c'est au vendeur de prouver son ignorance, et non à l'acheteur, pour que le Congrès soit fondé à demander une modification de la loi précisant bien qu'elle doit être interprétée aujourd'hui comme auparavant, c'est-à-dire en imposant à celui qui intente le procès de faire la preuve du bien fondé de son action.

Est-il dans le rôle du Congrès de dicter au législateur cette modification en lui demandant, comme le voudrait M. Gallier, la suppression de la partie de l'art. 2 de la loi qui renvoie aux art. 1641 et suivants du Code civil ? Pour ma part, je ne le crois pas. Il me semble préférable de lui montrer, par des considérants motivés, la nécessité d'une rédaction plus précise, pour remédier aux incertitudes et aux inconvénients de la jurisprudence consacrée par la Cour de Paris. D'où le vœu que j'ai l'honneur de vous soumettre, vœu qui indique suffisamment au Parlement ce que le monde de l'élevage attend de son équité et de sa sollicitude.

M. le Président. — Personne ne demande plus la parole sur la question du cornage?... Avant de mettre aux voix le vœu de M. Barrier, je prie notre collègue de vouloir bien en donner une nouvelle lecture.

(Nouvelle lecture du vœu.)

(Le vœu, mis aux voix, est adopté à l'unanimité.)

M. le Président. — La parole est à M. Chéri-Halbronn.

M. Chéri-Halbronn. — Je désirerais présenter au Congrès quelques brèves observations au sujet de la garantie des vices rédhibitoires pour tous chevaux, et notamment en matière de pur sang.

M. le Président. — Il est midi moins un quart et il nous reste encore à procéder à la nomination de la Commission permanente avant de nous rendre dans la grande salle du premier étage où le banquet est préparé. Dans ces conditions, il me semble que les observations que vous auriez à soumettre au Congrès gagneraient à être renvoyées à l'examen de la Commission permanente.

M. Chéri-Halbronn. — Je n'insiste pas et je me rallie à votre proposition, M. le Président. Le vœu que j'avais l'intention de proposer au Congrès concorde sur bien des points avec celui de M. Barrier, et j'ai confiance que notre Commission permanente voudra bien se charger de transmettre nos doléances aux pouvoirs publics ; elle voudra bien expliquer à qui de droit 'quelle est la nécessité absolue pour l'éleveur de s'affranchir, quand bon lui semble, des entraves de la loi actuelle sur les vices rédhibitoires et de revendiquer pour lui une liberté pleine et entière dans ses transactions, sans être soumis à ce que l'on a si justement appelé « des garanties forcées ».

M. le Président. — Il n'y a pas d'opposition au renvoi du vœu de M. Halbronn à la Commission permanente?... Le renvoi est ordonné.

NOMINATION DE LA COMMISSION PERMANENTE

M. le Président. — Comme je viens de le dire, Messieurs, nous devons procéder maintenant à la nomination de la Commission permanente. Vous savez que nous avons fixé, d'un commun accord, une séance ce soir, à cinq heures, qui doit être exclusivement réservée aux communications relatives à l'élevage breton.

M. Decker-David. — La Commission permanente, telle qu'elle est constituée, a rendu des services très appréciables. Je demande, en conséquence, que le nombre des membres qui la composent soit maintenu à 100.

M. le vicomte d'Harcourt. — Par suite de circonstances particulières, la section du pur sang constituée l'an dernier, ne présente pas, à mon sens, un caractère représentatif suffisant. Nous sommes un certain nombre de membres de cette section qui, au nom des éleveurs de pur sang, ont demandé que la section fût plus nombreuse, et c'est pour cette raison que le Bureau propose de porter à quarante le nombre des membres dans chaque section. Ce chiffre n'est pas excessif, si l'on se rend compte que tous les membres ne peuvent pas assister à chaque réunion et qu'il faut cependant avoir une certaine majorité pour pouvoir discuter sérieusement des questions importantes. *(Très bien ! Très bien !)*

Un membre. — L'année dernière, on avait fixé à 25 le nombre des membres dans chaque section ; un peu plus tard on a décidé qu'il serait porté à 33 ; si on augmente indéfiniment, nous finirons par constituer un petit Parlement.

M. le vicomte d'Harcourt. — Je me permets de faire observer que le Congrès actuel comprend un certain nombre d'éleveurs de pur sang qui ne s'étaient pas fait inscrire l'année dernière ; il me paraît équitable que ces éléments nouveaux soient représentés au sein de la Commission permanente.

M. Riotteau. — Il n'y a aucun inconvénient à ce que les membres de chaque section soient plus nombreux ; au contraire, plus nous serons nombreux et, plus nos résolutions auront d'autorité.

M. le Président. — Il est de mon devoir de président, pour vous permettre de juger d'une façon plus éclairée la question qui vous est soumise, de vous dire à quelles influences a obéi votre Bureau en pensant qu'il y avait lieu de proposer au Congrès — car remarquez que le Buaeau n'a pris aucune décision, si ce n'est celle de vous faire une proposition — d'accepter la modification qui est demandée.

Au cours de ses travaux, le Bureau a été saisi de réclamations venant des représentants, soit du pur sang, soit du trait, soit du demi-sang, réclamations desquelles il résultait que les intérêts se rattachant à ces divers ordres de l'élevage ne se trouvaient pas suffisamment représentés. La Commission permanente, l'année dernière, a eu, en effet, à remplir un rôle auquel elle ne s'attendait pas ; elle a été amenée, par la force même des choses, par la pression des intérêts qui lui étaient signalés, des personnes qui défendaient ces intérêts, par le sentiment de son devoir vis-à-vis du Congrès qui lui avait confié la mission de préparer le Congrès futur, la Commission permanente, dis-je, a été amenée à exercer, sur l'ensemble des pouvoirs publics, au profit de l'élevage, une action directe à laquelle elle ne s'attendait certainement pas ; elle a donc eu une importance plus grande que celle qu'elle croyait avoir de prime abord ; elle s'imaginait être un organisme un peu mécanique de permanence et de réorganisation, et elle s'est trouvée être un organe d'exécution et, permettez-moi de le dire, d'initiative, sous la pression des circonstances et dans l'intérêt de l'élevage.

M. Armand Gast. — En cela elle est entièrement sortie de son rôle.

M. le Président. — Elle en est un peu sortie.

M. Armand Gast. — Absolument.

M. le Président. — Je le reconnais moi-même, puisque je viens de vous dire que c'est par la force des choses que la Commission permanente du Congrès hippique est devenue un organe d'initiative. Par une déduction logique, elle a été amenée à considérer qu'elle devait se prêter, dans les propositions qu'elle aurait à faire au Congrès pour la composition de la prochaine Commission, à toutes les demandes qui tendaient à augmenter, à enrichir, si je puis ainsi parler, la représentation de tous les intérêts qui ne s'y trouvent pas suffisamment représentés. (*Très bien! Très bien!*)

C'est pourquoi elle ne veut pas que la Commission permanente de l'année prochaine soit exposée aux mêmes surprises, aux mêmes à-coups et aux mêmes critiques; aussi, a-t-elle pris la résolution de proposer au Congrès d'augmenter un peu le nombre des membres des sections, ce qui serait pour le Congrès l'occasion de régler d'une façon plus équitable, dans chaque section, la représentation de tous les intérêts.

Voilà pourquoi le Bureau vous propose de porter de 33 à 40 le nombre des membres de chaque section ; on évitera ainsi, à l'avenir, le reproche qu'on adresse à la Commission d'être entachée de partialité, et on donnera une légitime satisfaction aux différentes branches de l'élevage français.

M. Armand Gast. — Je ne crois pas, monsieur le président, que l'augmentation du nombre des membres des sections puisse empêcher les abus que nous avons signalés. Qu'est-ce que la Commission permanente ? C'est une collectivité d'éleveurs habitant différents points de la France, souvent très loin de Paris, ce qui ne permet pas à tous de répondre aux convocations qu'on leur envoie.

J'ai l'honneur de faire partie de la Commission permanente; j'habite à 400 kilomètres de Paris où je n'ai pas eu l'occasion de revenir au cours de l'année, de telle sorte que je n'ai jamais pu assister aux séances de la Commission. Dans ces conditions, quel rôle puis-je y jouer? Il y a plus, les convocations nous étaient parfois adressées à la dernière heure et sans indication de l'ordre du jour.

Un membre. — Il ne fallait pas accepter de faire partie de la Commission !

M. Armand Gast. — Mon cas est celui de plusieurs de nos collègues.

M. Baume. — En somme, que proposez-vous?

M. Armand Gast. — Je propose que la Commission permanente reste dans les limites que lui a tracées l'année dernière M. Caze, qui s'est exprimé de la manière suivante, d'après le compte-rendu sténographique, à la page 139 :

« **M. le Président.** — Il ne faut pas perdre de vue que la Commission permanente n'a pas mandat pour délibérer sur quoi que ce soit qui touche ou qui engage les intérêts de l'élevage. Comme l'a très bien dit M. Riotteau, elle n'est qu'un bureau d'enregistrement et de préparation des études, qu'un mandataire chargé d'exécuter les décisions que vous avez prises et de faire les démarches nécessaires. Il ne s'agit donc pas de réunir, dans cette Commission, un nombre de membres représentant d'une façon proportionnelle l'importance des groupements de l'élevage. Cette façon de faire s'expliquerait s'il s'agissait d'une représentation ayant des décisions à prendre et des votes de principe à émettre. »

Et un peu plus loin, M. le président disait :

« Les limites dans lesquelles peut se mouvoir cette Commission permanente sont, par conséquent, bien déterminées. »

Eh bien, je demande que la Commission permanente ne sorte pas de ces limites bien déterminées.

M. le Président. — Permettez-moi de remettre la question sur son véritable terrain.

M. Gast me fait l'honneur d'une approbation, dont je suis assurément très flatté, au sujet de la définition que j'avais donnée l'année dernière de la Commission permanente ; il voudra bien me pardonner si je lui dis que j'ai été très imprévoyant en donnant cette définition. Il est bien certain que si la Commission permanente s'était limité, d'une façon stricte et littérale, au mandat qui ressortait de cette définition, elle n'aurait eu aucune espèce d'utilité pratique pour l'élevage au cours de l'année qui vient de s'écouler. (*Applaudissements.*)

Je ne dis pas, Messieurs, que la Commission permanente ait cherché à sortir des limites déterminées par la formule qu'a lue tout à l'heure M. Gast ; c'est, je le répète, la force des choses qui l'y a poussée. Nous nous sommes trouvés dans la situation où était dans l'antiquité le droit romain : il y avait le « droit écrit » — c'était la formule qu'a lue M. Gast — et il y avait le « droit du préteur » qui interprétait le droit écrit. C'est ce qu'a fait la Commission permanente.

Ce qui est important, c'est que vous nommiez une Commission permanente qui soit utile ; il se peut que la Commission actuelle n'ait pas entièrement répondu à la pensée qu'en pouvait concevoir le Congrès l'année dernière, mais cela n'a rien d'étonnant ; il s'agit d'une institution qui en est à son début et lorsque j'entendais M. Gast critiquer le mode de convocation, critiquer l'absence d'ordre du jour, je lui donnais tout à fait raison en me disant que j'allais présenter au Congrès les excuses de la Commission. Que voulez-vous ? C'était un enfant dans les langes et c'est précisément pour cela que nous vous demandons d'en faire un homme adulte. Toutes les critiques que vous avez faites sont justes, mais, permettez-moi de vous le dire, elles n'ont pas beaucoup d'utilité, quant au passé ; elles en ont une pour l'avenir et si nous vous demandons d'accroître encore notre Commission permanente, pour qu'elle ait davantage le sentiment de ses devoirs en même temps que de l'étendue de ses pouvoirs, c'est précisément pour écarter l'éventualité des inconvénients que vous avez signalés. Vous nous avez dit que vous n'aviez pas pu assister aux séances de la Commission. C'est justement un des motifs qui justifie l'augmentation du nombre des membres dans les différentes sections. Toutes les critiques que vous avez formulées contre la proposition du Bureau, justifient cette proposition. (*Très bien ! Très bien !*)

M. Decker-David. — Peut-être pourrait-on indiquer une méthode de travail capable d'empêcher que des réclamations du genre de celles qui viennent de se produire ne se renouvellent. J'estime, pour ma part, qu'il est indispensable qu'un ordre du jour soit publié assez longtemps à l'avance, ce qui permettra à un plus grand nombre de membres de la Commission de venir aux séances et, dès lors, je ne vois pas l'utilité qu'il y aurait à augmenter le nombre des commissaires.

M. le Président. — Il y a d'abord des vacances à combler ; il faut bien procéder à ces nominations.

M. Decker-David. — Nous demandons au Congrès de combler simplement les vides.

M. le vicomte d'Harcourt. — Je regrette de ne pas être d'accord avec M. Decker-David, et, pour les raisons que j'ai indiquées tout à l'heure, je persiste à demander que le nombre des membres dans chaque section soit porté à quarante.

M. Decker-David. — C'est la première fois que nous sommes saisis de cette question.

M. le vicomte d'Harcourt. — Le Congrès est souverain.

M. le Président. — Le Congrès n'est nullement lié par les décisions qu'il a prises l'année dernière.

M. le comte de Saint-Quentin. — Comme on vient de le faire observer, le Congrès est souverain. L'année dernière, on a nommé par acclamation les membres de la Commission permanente, et il s'est trouvé que des régions étaient plus représentées que d'autres ; je me demande pourquoi ceux qui ont bénéficié de cette procédure voudraient s'opposer à la nomination de membres nouveaux de la Commission permanente. *(Applaudissements.)*

Pour que toutes les différentes branches de l'élevage soient représentées, il suffit d'augmenter le nombre des membres de la Commission, et je demande que la liste qu'à dressée le Bureau, qui dirige nos travaux avec tant de dévouement, soit mise aux voix. *(Applaudissements.)*

M. le Président. — La proposition du Bureau étant la plus large, je vais d'abord mettre aux voix la proposition de M. Decker-David, tendant à maintenir le *statu quo*, c'est-à-dire à maintenir à 33 membres le nombre des membres dans chaque section.

(Cette proposition, mise aux voix, n'est pas adoptée.)

M. le Président. — Je mets aux voix la proposition du Bureau de la Commission, tendant à porter à 40 le nombre des membres dans chaque section.

(Cette proposition est mise aux voix et adoptée.)

M. le Président. — Le Bureau vous a fait distribuer une liste sur laquelle les noms sont inscrits par ordre alphabétique. Cette liste a été dressée de manière que chaque section comprenne 40 membres. M. le Secrétaire général va vous en donner lecture.

M. le Secrétaire général. — La liste que votre Bureau vous propose d'adopter comprend, bien entendu, les anciens membres de la Commission, auxquels ont été joints 20 membres nouveaux pris parmi les représentants autorisés des divers élevages.

Voici cette liste :

Membres d'honneur : MM. le Directeur général des Haras ; le Chef du Bureau des encouragements à l'industrie chevaline ; le Général inspecteur général permanent des remontes ; le Général directeur de la Cavalerie au Ministère de la Guerre ; le Colonel adjoint à l'Inspecteur général permanent des remontes ; le Président de la Société d'encouragement pour l'amélioration des races de chevaux en France ; le Président de la Société des Steeple-chases de France ; le Président de la Société d'encouragement pour l'amélioration du cheval français de demi-sang ; le Président de la Société hippique française ; le Président de la Société sportive d'encouragement ; le Président de la Société de sport de France ; le professeur A. Chauveau, membre de l'Institut, inspecteur général des écoles vétérinaires ; le professeur docteur L. Grandeau, inspecteur général des stations agronomiques.

Président : M. Edmond Caze.

Secrétaire général : M. de Lagorsse.

Membres : MM. A. Abeille, comte d'Andigné, J. Arnaud, A. Aumont, Ch. Aveline, J.-L. Aveline, H. Bachelet, Paul Bajac, Ballière, marquis de Barbentane, F. Bardin, G. Barrier, Basire, de Basly, Bassigny, L. Baume, A. Beauchamp, L. Bedout, Camille Blanc, Edmond Blanc, Bougues, Boulnois, J. de Brémond, Maurice Caillault, Calais, François Caquet, Chédeville,

Chouanard, G. Clément, Alphonse Colas, Comet, H. Corbière, Courrègelongue, Decker-David, H. Delamarre, F. Delattre, baron Demarçay, Ph. Denis, Gaston Dreyfus, Dufrien, Jean Dupuy, Fagot, Fardouet, comte de Fels, Foache, Fortier, baron de Fresnoye, Frézier, Furne, marquis de Ganay, H. Garreau, Gasselin, Armand Gast, Ernest Gilbert, Gomot, duc de Gramont, comte de Guébriant, G. Guerlain, vicomte d'Harcourt, Hayes, Hémard, baron d'Herlincourt, Jean Joubert, de Kerjégu, Th. Lallouët, vicomte de Langle, comte de Lastours, Lavalard, Lazard, Le Bourg, Le Gentil, Leleu, comte Le Marois, Le Roux, comte de Lhomel, Lhoste, Madaré, Louis Marchegay, Marcillac, Merle, Méténier, de la Moissonnière, Ovide Moulinet, prince Murat, L. de Neuville, baron Aug. de Nexon, comte de Nicolay, A. Ollivier, Robert Papin, Pédebidou, Edmond Perriot, Gaston Perrot, Pignard-Dudézert, comte Paul de Pourtalès, Jean Prat, Prillieux, Henry Remy, Riotteau, Roinard, Alain Queinnec, J.-L. Queinnec, Paul Rouvier, Ph. du Rozier, du Rusquec, baron de Saint-Paul, comte de Saint-Quentin, Sarrien, Signoret, Jean Stern, Tacheau, baron du Teil du Havelt, Teisserenc de Bort, Thibault, Tisserand, marquis de Tracy, Marcel Vacher, Vallée, Ed. Veil-Picard, Albert Viel, Viseur.

M. le Président. — Je vais mettre cette liste aux voix; il va être procédé au vote par scrutin.

Voix nombreuses. — Non ! Non ! Par acclamation !

M. Joseph Ory. — Il serait désirable que les différents groupes pussent s'entendre au préalable sur les noms qui figurent sur cette liste ; autrement, nous sommes obligés d'accepter les noms proposés par la Commission.

Plusieurs membres. — Vous n'êtes pas obligés.

M. le Président. — La liste est disposée de telle façon que vous pouvez remplacer un nom par un autre dans la colonne en blanc. C'est pour éviter toute contestation que la liste va être mise aux voix par scrutin.

Voix nombreuses. — Non ! A main levée.

M. le Président. — J'entends proposer le vote à main levée. *(Oui ! Oui !)*.

Le Bureau ne peut pas prendre sur lui de décider ce mode de votation ; en conséquence, je consulte le Congrès sur la question de savoir s'il entend voter sur la liste de la Commission à main levée.

(Le Congrès, consulté, décide que le vote aura lieu à main levée.)

M. le Président. — Je mets aux voix par main levée la liste qui vous est soumise.

(La liste proposée par le Bureau, mise aux voix, est adoptée).

M. le Président. — Comme suite aux observations qui ont été présentées sur la question intitulée « Le cornage et la loi sur les vices rédhibitoires », M. Barrier, d'accord avec M. Baume, propose au Congrès d'adopter un second vœu ainsi conçu :

Le Congrès hippique,

Considérant que la constatation du *bruit* respiratoire qui caractérise le *cornage chronique* donne lieu, dans la pratique, à de nombreuses difficultés, du fait des incertitudes, des divergences, même des erreurs des experts ; — que ces difficultés résultent, la plupart du temps, de la confusion faite par certains experts, entre le bruit rauque, le râle grave ou le sifflement, offerts par les corneurs véritables, et la respiration bruyante, soufflante, le ronflement ou l'ébrouement qui résultent de l'essoufflement simple ou d'habitudes respiratoires vicieuses,

Exprime le vœu :

« Que MM. les experts s'abstiennent de considérer désormais

« la respiration *soufflante*, le *ronflement*, *l'ébrouement*, comme
« des manifestations du bruit visé par la loi du 2 août 1884
« pour caractériser le cornage chronique. »

Je mets aux voix le vœu de MM. Barrier et Baume.

(Le vœu, mis au voix, est adopté).

M. Le Gentil. — Je dépose sur le bureau du Congrès
le rapport sur les « Concours hippiques à l'étranger »,
dont je devais donner lecture.

M. le Président. — Le rapport de M. Le Gentil sera
inséré dans le volume du Congrès (1).

(La séance est levée à midi et demi et renvoyée au
même jour à cinq heures du soir).

(1) Ce rapport est publié plus loin. (Voir aux annexes.)

Deuxième Séance du Samedi 16 Juin 1906

————

Présidence de M. Ed. CAZE

————

La séance est ouverte à cinq heures vingt-cinq.

M. le Président. — Tous les membres qui désiraient assister à cette réunion doivent avoir eu le temps de s'y rendre. Ainsi que nous l'avons décidé hier soir, la séance est spécialement consacrée à la question soulevée par les représentants de l'élevage breton. Par conséquent, sur ce point, la conversation — j'aime mieux me servir du mot : conversation, que du mot : discussion, qui pourrait évoquer des idées d'âpreté qui, je l'espère, ne se feront pas jour au cours de notre échange d'opinions — la conversation est ouverte et je donnerai la parole à celui des membres qui voudra la prendre.

M. du Rozier. — J'avoue ne pas comprendre beaucoup les griefs qui ont été soulevés à propos de la lutte, si je puis ainsi m'exprimer, entre la Normandie et la Bretagne. Je crois, au contraire, que nous avons tous l'intention de rester unis. Quant à moi, je n'ai aucune observation à présenter.

M. Armand Gast. — Je demande la parole.

M. le Président. — La parole est à M. Gast.

M. Armand Gast. — Le grief que j'ai à formuler est motivé par le vœu émis dans la séance du 4 novembre de la Commission permanente, vœu qui inquiète beaucoup l'élevage breton et dont voici le texte :

« En considération de toutes les révélations qui lui sont faites au sujet des achats d'étalons à l'étranger, la Commission permanente du Congrès hippique émet le vœu « qu'il plaise à M. le Ministre de l'Agriculture de calmer l'inquiétude de l'élevage en l'assurant qu'à l'avenir il ne sera fait aucun achat d'étalons à l'étranger, avant avis favorable du Conseil supérieur des haras. »

Ce vœu nous touche dans nos intérêts les plus chers, parce qu'il tend à limiter dans une certaine mesure et, au besoin, à empêcher à un moment donné l'acquisition d'étalons norfolks, qui nous sont indispensables pour faire des postiers bretons, dont vous venez de voir quelques spécimens au Concours. Priver actuellement la Bretagne du norfolk, c'est tuer la partie la plus florissante de l'élevage breton, en ce sens que, la race n'étant pas par elle-même assez confirmée, il faudra, longtemps encore, la retremper dans le sang norfolk pour la maintenir dans l'homogénéité de son type, jusqu'à ce qu'elle soit confirmée d'une façon suffisante.

C'est pourquoi nous avons protesté contre ce vœu. Les protestations ont été lues, paraît-il, à la réunion qui a suivi celle où il a été présenté ; ces protestations émanaient de MM. Ollitrault-Dureste, membre du Conseil supérieur des haras, président du Conseil général des Côtes-du-Nord ; de M. le sénateur Ollivier et de moi. On a fait observer à M. Ollivier que nous avions bien tort de manifester de l'inquiétude, attendu que le vœu ne préjugeait pas en faveur d'un croisement plutôt que d'un autre et que c'était au Conseil supérieur des haras qu'il appartenait de trancher la question en faveur de l'acquisition ou de la non acquisition du norfolk.

Si nous rapprochons ce vœu d'un autre émis par la Commission permanente à la date du 20 janvier, nous voyons que cette Commission a invité le gouvernement à faire entrer au Conseil supérieur des haras des *éleveurs expérimentés*. Il est certain que les *éleveurs expérimentés et pratiquants* sont plus nombreux en Normandie que partout ailleurs et nous avons lieu de craindre que, si ce dernier vœu était adopté, le Conseil supérieur comprît dans son sein une certaine quantité d'éleveurs normands. Evidemment, je ne fais aucune critique à l'adresse des éleveurs normands, mais je trouve qu'il faut toujours éviter de mettre un homme en présence de ses intérêts particuliers ; il est difficile, en effet — c'est de psychologie élémentaire — de trancher une question contre ses intérêts particuliers, en faveur de l'intérêt général.

Je suis moi-même assez opposé à l'adoption du dernier vœu, car lorsqu'on est dans la lutte, on ne peut en avoir la direction générale ; ce n'est pas le capitaine qui se bat qui a la direction du combat et qui remporte la victoire, c'est le général qui voit de haut et de loin. Dans le cas qui nous occupe, si les éleveurs normands entraient au Conseil supérieur en assez grand nombre, ils pourraient perdre de vue les intérêts généraux, alors que ces intérêts seraient en désaccord avec leurs intérêts particuliers, et il y aurait des chances pour que la Bretagne fût privée du norfolk et, par suite, que l'élevage du postier, actuellement si florissant, disparût. Voilà les raisons pour lesquelles nous avons protesté.

Si le vœu concernant les achats d'étalons à l'étranger était pris en considération, il pourrait se faire qu'à un moment donné, je ne dis pas aujourd'hui, je ne dis pas demain, mais plus tard, on en demandât l'exécution et que le Conseil supérieur lui-même se prononçât contre l'étalon norfolk ; or, en élevage, il faut avoir du temps devant soi ; il faut donc que nous soyons sûrs d'avoir des étalons norfolks pendant un certain nombre d'années encore. On n'improvise pas un élevage ; si dans un an ou deux l'étalon norfolk — il n'y en a que dix-huit à Lamballe, et vous savez ce qu'ils ont produit — vient à manquer, je le répète, c'est le postier breton qui est perdu.

Je puis vous montrer que l'étalon norfolk produit d'une façon satisfaisante dans le Finistère où il est surtout employé. Vous avez pu en juger par vous-mêmes en visitant le Concours ; d'autre part, j'ai là un document qui donne l'origine des étalons achetés à Landerneau depuis six ans ; les chiffres sont tout à fait favorables à l'étalon norfolk et au postier breton ; ils le sont beaucoup moins à l'étalon normand. De 1900 jusqu'en 1906 compris, on a présenté 453 étalons de demi-sang à Landerneau. Sur ces 453, 115 ont été achetés, et sur ces 115, 11 provenaient de normands ou de vendéens ; 47 provenaient de norfolks sur 170 présentés ; 51 provenaient de postiers bretons sur 172 présentés et 6 d'étalons divers avec des croisements de norfolk sur 21 présentés.

Permettez-moi de vous donner lecture de ce tableau :

ANNÉES	Etalons de 1/2 sang		Fils de normands ou vendéens		Fils de norfolks		Fils de norfolks bretons		Fils de trait léger ou divers	
	Présentés	Achetés	Présentés	Achetés	Présentés	Achetés	Présentés	Achetés	Présentés	Achetés
1900	58	14	17	3	17	3	19	5	5	3
1901	72	15	15	»	30	9	24	6	3	»
1902	70	19	12	1	27	8	25	9	6	1
1903	93	20	15	3	30	7	46	9	2	1
1904	71	22	15	2	27	8	27	12	2	»
1905	89	25	16	2	39	12	31	10	3	1
Totaux.	453	115	90	11	170	47	172	51	21	6

Ainsi, sur 115 étalons achetés en six ans, les étalons normands ou vendéens en ont produit 9.57 o/o ; les norfoks 40.87 o/o ; les postiers bretons 44.34 o/o ; et les divers 5.22 o/o.

Cette proportion devient plus impressionnante quand l'on met en face le nombre d'étalons normands ou vendéens et le nombre d'étalons norfolks comptant à l'effectif des dépôts de Bretagne soit :

	Norfolks	Normands ou Vendéens
Lamballe. . . .	10	80
Hennebont. . . .	22	78
Totaux. . .	38	158

Il n'y a pas de théories spéculatives qui puissent prévaloir devant un pareil résultat.

Voilà donc un document caractéristique.

Je pourrais vous montrer des pétitions signées de 4.000 électeurs, vous lire des lettres très nombreuses, toutes très intéressantes. Je ne vous lirai que celle d'un marchand de chevaux de Landerneau, qui est ainsi conçue :

> « *Landerneau, 24 mai 1906.*

« Je viens vous accuser réception de votre honorée du 21 courant...

« Vous me demandez le nombre de chevaux qui passent annuellement dans mes écuries de Landerneau : Je vous répondrai de 1.000 à 1.200 pour notre maison de Bordeaux et de Toulouse et environ 500 pour la fourniture de l'armée espagnole et italienne.

« Vous me demandez dans quelle proportion entrent dans mes achats les produits de norfolks et les produits de carrossiers normands. Réponse : Mes achats sont bien aux 3/4 pour les produits de norfolks, le reste en trait ou quelques chevaux de légère pour la remonte. Pour acheter des carrossiers, je préfère aller en Normandie, car je reconnais qu'ils sont mieux faits qu'en Bretagne, en raison sans doute des avantages du sol et de l'espace en liberté que la Bretagne ne peut fournir en général.

« Vous me demandez si ma clientèle est, en général, satisfaite du cheval breton issu du norfolk. Je vous répondrai que ma clientèle est satisfaite de ce croisement, et que, depuis une quinzaine d'années, je vends moins de chevaux de luxe dits carrossiers, dont je vendais la paire de 4 à 5.000 fr., tandis que l'on préfère un attelage de norfolks-bretons dans les prix de 2.500 à 3.500 fr., chevaux qui sont employés à tous les usages et qui plaisent à la voiture par leur jolie prestance.

« J'estime que le croisement du cheval norfolk est très bon en Bretagne, non seulement pour le commerce, mais pour la remonte ; car il faut penser à l'artillerie et le dépôt de remonte de Guingamp en achète une bonne part...

« Voilà, Monsieur, l'expression de ma pensée ; croyez qu'elle est bien sincère, et que ce serait bien malheureux pour notre pays si on ne continuait pas à nous donner des norfolks.

« *Signé* : H. CHANVRIL. »

Vous voyez que ce n'est pas un marchand de chevaux ordinaire ; il vend environ 1.600 chevaux par an.

Voici encore une lettre intéressante de M. Mathé, qui habite la Vendée et est un des plus gros courtiers de chevaux de l'Ouest. Il écrit à la date du 26 mai :

« Il existe sur le cheval une crise terrible, personne ne peut le nier. En Normandie, en Vendée, en Charente-Inférieure, les transactions deviennent rares et aujourd'hui je crois pouvoir affirmer et prouver que personne ne peut dire le prix d'un poulain ; en un mot, le cheval n'est pour ainsi dire plus une marchandise courante ayant un prix à peu près déterminé et que les professionnels sérieux pouvaient estimer d'accord.

« L'élevage du cheval de gros trait est lui-même menacé dans certains pays, le Poitou, par exemple, où depuis deux ans les poulains de cet âge, achetés en général par les Berrichons, ont baissé de 200 fr. par tête. Je ne m'étendrai pas sur les causes de mévente, les principales sont assez connues : l'automobilisme et la traction mécanique.

« Ceci dit, comment se fait-il qu'un seul pays, je dis *un seul*, pas deux, a non seulement résisté à cette gêne, mais n'a jamais, à aucune époque de l'élevage, vu ses produits aussi recherchés et vendus des prix aussi élevés qu'actuellement, et que ce pays la Bretagne est le seul qui se serve en grand, d'une façon absolument méthodique de l'étalon norfolk.

« Ce que je viens de dire est à la connaissance de tout le monde et il faudrait la mauvaise foi la plus évidente pour contester les faits.

M. Louët, 26, rue des Reguaires, à Quimper, m'écrivait, à la datée du 1er juin :

« Les étalons ayant le mieux produit dans la région de Quimper sont : Royal-Fort comme pur sang, et Islington comme norfolk ; ensuite Grandlieu, Gouvieux, Galba, pur sang.

« Les produits de norfolks anglais sont surtout recherchés par les éleveurs pour en faire plus tard des reproducteurs ; les produits des postiers bretons se vendent plus facilement parce qu'ils sont gros ; le normand produit des chevaux plus minces, et décousus, longs de dos, manquant de membres et laissant à ses sujets beaucoup d'éparvins et de jardons, sans oublier les formes. Le produit du normand ne profite pas dans notre pays.

« A mon avis, ce qu'il nous faudrait dans le Finistère serait le gros pur sang et le norfolk pour croiser avec nos juments qui ont du sang et sont ordinairement légères »

Je ferai remarquer que l'opinion de M. Louët, exprimée dans cette lettre d'une façon si catégorique, nous a été opposée dans une causerie de la *France Chevaline*...

M. de Kerjégu pourra également vous donner lecture de plusieurs lettres caractéristiques.

Vous avez vu notre exposition. Justifie-t-elle les critiques faites contre le norfolk? Messieurs, je vous en fais juges, mais on ne peut admettre que l'élevage breton reste sous la menace d'être, à un moment donné, privé de l'étalon norfolk, que nous considérons absolument comme indispensable, quant à présent, du moins. Je n'ai pas autre chose à ajouter.

M. Riotteau. — Quelles sont vos conclusions ?

M. Armand Gast. — Ma conclusion c'est que nous ne voulons pas rester sous la menace dudit vœu.

M. Riotteau. — Il s'agirait de bien déterminer la portée du vœu lui-même. D'ailleurs, ce sont MM. du Rozier et Baume qui en sont les initiateurs.

M. Baume. — Je n'étais pas présent à la séance.

M. Riotteau. — Il y a peut-être malentendu. (*Marques d'assentiment.*) Autant que je puis me rappeler, lorsqu'on a discuté la question de l'achat des chevaux à l'étranger, on s'est surtout préoccupé du cheval belge.

M Armand Gast. — Parfaitement.

M. Riotteau. — C'est incidemment qu'on a parlé du norfolk, qui ne se trouvait pas visé par la discussion en elle-même. Je crois donc que l'émotion qui s'est emparée des représentants de la Bretagne est motivée par des arti cles faits dans un esprit technique qui n'avait nullement l'intention d'engager la Commission permanente et étaient évidemment en dehors d'elle. Je dois vous déclarer qu'il n'y a pas de lutte entre la Bretagne et la Normandie, car lorsque la question est venue devant le Conseil supérieur, l'honorable M. de Saint-Quentin, que je vois devant moi, et moi-même — je fais appel à cet égard au témoignage de M. de Kerjégu — nous avons dit que nous n'avions jamais eu l'idée de supprimer l'introduction des quelques étalons norfolks dont vous pouvez avoir besoin ; nous n'avons pas spécifié s'il en fallait deux, trois ou six ; nous avons reconnu d'une façon absolue que, du moment que le norfolk était nécessaire à la production de votre espèce chevaline, il y avait lieu, dans la mesure convenable, de vous donner l'étalon norfolk. Par conséquent, l'émotion qui s'est emparée de vous est — permettez-moi de le dire — un peu exagérée.

D'un autre côté, on ne peut pas demander la suppression de ce vœu, car vous n'avez pas l'intention d'engager l'Administration des haras à aller acheter à l'étranger une quantité de chevaux qui serait indéterminée. Il y aurait là pour notre élevage un état de choses fâcheux ; je crois même que dans le travail qu'il nous a présenté sur la race de trait boulonnaise, M. Viseur lui-même s'est élevé contre l'achat des étalons à l'étranger.

Ce qui avait été en discussion dans la réunion du 4 novembre, c'est plutôt la question du cheval de trait ardennais ou boulonnais que la question du norfolk, et ce n'est que par assimilation que vous êtes passés de l'une à l'autre. Il ne faudrait donc pas supposer que les Normands ont voulu.... comment dirais-je, brimer la

Bretagne ; telle n'a jamais été l'idée des représentants de l'élevage normand qui étaient là, et je suis bien certain que M. du Rozier lui-même, l'auteur du vœu, n'a jamais eu cette intention.

M. du Rozier. — Je tiens à déclarer que nous n'avons jamais voulu être désagréables à quelque contrée que ce fût. A l'époque où nous avons rédigé ledit vœu, il régnait une certaine émotion dans l'élevage, émotion que nous avons cherché à apaiser ; de telle sorte que ce vœu, au lieu d'être un vœu de combat, est plutôt un vœu de préservation. Nous avons demandé qu'on ne fît pas faire d'achats sans avis préalable du Conseil supérieur des haras. C'est une simple mesure de sécurité que nous avons voulu prendre. Si les Normands avaient eu l'intention d'écarter le cheval nolfolk, ils seraient allés trouver les membres du Conseil supérieur des haras ; or, ils ne l'ont pas fait.

En proposant le vœu, nous avons répondu au désir de tous les éleveurs qui demandent qu'on soit certain de son lendemain et qu'une commission se prononce avant qu'aucun achat de chevaux ne soit fait à l'étranger. J'ai formulé ce vœu après avoir entendu les éleveurs de trait et de pur sang ; je puis vous donner lecture des considérants dont il est la conclusion, et vous verrez qu'il n'y a pas une ligne qui parle du cheval norfolk, qu'il n'est pas fait la moindre allusion à la Bretagne.

Voici les considérants que j'ai développés, d'après le procès-verbal de la réunion du 4 novembre :

M. du Rozier. — Messieurs, les vœux des sous-commissions du pur sang et du cheval de trait comportent de parler un peu plus longuement de la question des achats d'étalons à l'étranger. Eh bien ! j'ai parcouru ces jours-ci, avec soin, les rapports annuels des directeurs des haras pour les dix dernières années ; sous les directions précédentes, je n'ai vu nulle part mention d'achats de chevaux en Belgique, et je sais *pertinemment qu'il ne s'y en faisait pas* ; au contraire, depuis la direction de M. Hornez, je vois dans son rapport : « achats d'étalons en Belgique ». Dans les deux premières années de sa gestion, je n'ai trouvé qu'un chiffre global d'achats sous la rubrique : « France, Angleterre, Belgique ». Depuis deux ans, c'est plus clair : « 1903, achats en Belgique, 16 ; 1904, achats en Belgique, 17. »

Combien y a-t-il de ces étalons en France ? Nous n'en savons rien, car dans les mêmes rapports du directeur des haras, je vois figurer aux chevaux de trait, seulement les noms : percherons, boulonnais, ardennais, bretons. Nulle part, je ne vois le nom belge. Ils devraient cependant figurer à quelque endroit, ces étalons belges !

Ce qu'il y a de sûr, c'est que la vérité à établir par de simples gens comme nous est au-dessus de nos forces, et que, cependant, nous avons un devoir vis-à-vis de nos collègues en élevage : c'est de demander la lumière, c'est de savoir.

D'un autre côté, il paraîtrait que l'achat de demi-sang anglais n'a jamais été aussi nombreux, et il en serait de même cette année pour les pur sang, dit-on, puisqu'il y en aurait déjà trois d'achetés, chevaux simplement modestes et utilisables pour le croisement.

On comprendrait au besoin l'achat d'un grand cheval pour doter notre pays d'un sang exceptionnel. Mais franchement, est-ce que les chevaux de pur sang d'ordre suffisant pour faire le croisement n'existent pas en France ? Il est vraiment incroyable qu'après le Concours central de Paris, dont nous avons reçu tant de compliments et pour lequel notre ministre nous a adressé des éloges si sincères, il est incroyable dis-je, qu'au lendemain de cette grande manifestation, la direction des haras ait cru devoir faire appel aux chevaux étrangers pour remonter nos haras. C'est humiliant pour notre élevage français et c'est extrêmement préjudiciable à tous les points de vue. C'est si vrai que des exportateurs étrangers me disaient récemment : « Vos haras nous créent, commercialement parlant, un rôle impossible ; vous aviez des chevaux de trait de premier ordre, que nous disions les meilleurs du monde ; or, comment voulez-

vous que nous les exportions maintenant, alors qu'on vient
nous dire : « Le gouvernement français ne trouve pas ses
chevaux de trait suffisants ; il est obligé d'en aller chercher en
Belgique. »

Cette réflexion, que je signale pour les chevaux de trait, je l'ai
entendue pour toutes nos races françaises.

Enfin, de tout cela, il résulte qu'à juste titre notre élevage
national s'énerve et n'a plus confiance dans son lendemain : il
vit sous l'empire de la crainte ; en un mot, il n'a plus la quié-
tude nécessaire que comporte son œuvre de longue haleine.
Aussi, je suis persuadé qu'il n'est pas trop de l'union de nos
trois sections pour agir respectueusement auprès de M. le
ministre et le prier de modifier un tel état de choses, et je me
permets de vous proposer la résolution suivante :

« En considération de toutes les révélations qui lui sont faites
au sujet des achats d'étalons à l'étranger, la Commission permanente du Congrès hippique émet le vœu « qu'il plaise à M. le
Ministre de l'Agriculture de calmer l'inquiétude de l'élevage
en l'assurant qu'à l'avenir il ne sera fait aucun achat d'étalons
à l'étranger, avant avis favorable du Conseil supérieur des
haras ».

Je demande donc dans ce vœu qu'aucun achat ne
puisse avoir lieu à l'étranger qu'après avis favorable du
Conseil supérieur des haras ; mais, je le répète, aucune
contrée n'est spécialement visée.

M. le marquis de Maleissye. — Il est impossible de limiter les achats de pur sang à l'étranger. Il y a des sangs
qui sont nécessaires, que nous n'avons pas et que nous
sommes forcés d'aller demander à d'autres pays.

M. du Rozier. — Je crois que nous avons été très pru-
dents dans la Commission permanente en ne prenant
aucune résolution ; nous nous en sommes remis au
Conseil supérieur des haras, qui est absolument libre, et
à qui doivent s'adresser les représentants du pur sang,
du demi-sang et du trait.

M. le marquis de Maleissye. — Vous infligez ainsi à l'Administration des haras une sorte de blâme pour les achats qui ont été faits.

M. du Rozier. — Cette critique a été faite dans les trois sections de la Commission. La section du trait et la section du pur sang, en la circonstance, prouvaient que les chevaux achetés étaient des chevaux de petite origine.

M. le marquis de Maleissye. — Les Haras ont eu tort d'acheter des chevaux de petite origine. On veut aujourd'hui se servir de l'étalon de pur sang comme étalon de croisement et, pour faire l'étalon de croisement, on prend des chevaux de treizième ou de quatorzième ordre, qui n'ont aucune valeur. Si vous voulez ouvrir le Stud-Book et le suivre avec attention, vous verrez qu'aucun grand étalon n'a été produit par un cheval médiocre. On a ainsi des déceptions dont on ne se doute pas.

Une fois, j'avais acheté une jument très belle qui avait eu une prime au Concours universel. Le général Fleury me demanda de la donner à Valédo. J'ai eu une pouliche de 1 m. 47 qui n'était pas montable ; je l'ai gardée et elle a fait très bien plus tard ; j'ai obtenu un cheval de 1 m. 52. Je l'ai vendu à un huissier, et il a tué l'huissier. Voilà les résultats qu'on obtient. *(On rit.)*

M. le vicomte d'Harcourt. — En ce qui concerne les pur sang, nous nous mettrons facilement d'accord. Il est impossible d'admettre que l'Administration des haras n'achète pas certains chevaux en Angleterre, parce que nous savons tous, par expérience, que notre pur sang a besoin d'être renouvelé. Nous avons demandé que les étalons de croisement — je n'ai pas à examiner s'ils sont nécessaires ou non, mais on en demande partout — soient de préférence achetés en France. Voilà l'esprit dans lequel a été conçu notre vœu.

M. le marquis de Maleissye. — Vous avez parfaitement raison, mais il vaut mieux ne rien acheter que d'acheter des chevaux médiocres.

M. le vicomte d'Harcourt. — On n'a pas voulu exclure les achats en Angleterre ; on a voulu simplement les limiter, sachant qu'on trouverait en France, autant qu'on en voudrait, des étalons de croisement.

M. le marquis de Maleissye. — En consultant le Stud-Book, on voit que toutes les mères des grands étalons de demi-sang étaient filles de très grands chevaux.

M. le vicomte d'Harcourt. — On trouve à acheter en France des chevaux de très grand sang.

M. Ollitrault-Dureste. — Ce que nous demandons, ce sont des chevaux de croisement fortement établis ; nous n'avons pas besoin, pour fairedes demi-sang, d'acheter des chevaux ayant une grande performance ; on a obtenu d'excellents résultats avec des chevaux qui n'en avaient pas de très grande.

M. Baume a cru que j'avais demandé au Conseil supérieur des haras qu'on achetât des chevaux de croisement en Angleterre. Il s'est trompé ; j'ai dit : il faut distinguer ; si vous voulez faire des chevaux de course, il vous faut avoir de grands performers, mais si vous voulez faire des chevaux de cavalerie, peu importent les performances, recherchez surtout le modèle et achetez ces chevaux en France si vous les y trouvez.

M. le marquis de Maleissye. — Avec des chevaux qui n'ont pas de grandes performances et qui ne sont pas solidement établis, vous ne ferez jamais que des chevaux médiocres.

M. de Kerjégu. — Je demande au Congrès la permission de revenir à la question qui est portée à l'ordre du jour, celle du postier breton et de l'importation du norfolk en Bretagne.

Qu'on me permette tout d'abord de me réjouir très sincèrement de la tournure que semble prendre la discussion. Nous autres Bretons, qui avons le grand tort de ne pas nous rendre assez souvent aux réunions, nous ne sommes pas venus pour livrer bataille ; nous sommes venus, sachant quels sont vos sentiments, avec l'espoir et même la certitude que nous trouverions facilement un terrain d'entente et de conciliation. Nous n'avons pas de trop de toutes nos forces, nous qui représentons l'élevage, pour arriver à de bons résultats, et ce que nous devons le plus éviter, c'est de lutter les uns contre les autres. *(Vifs applaudissements.)*

Ce n'est pas à l'heure où nous avons en perspective des difficultés de toute nature qu'il convient de disperser nos forces, d'aller en tirailleurs, à droite et à gauche ; il faut, plus que jamais, nous unir, faire disparaître les difficultés, plus apparentes que réelles, et nous trouver tous réunis en un bataillon serré, compact.

C'est donc avec grand plaisir que j'ai pris acte des déclarations qu'a portées à la tribune M. du Rozier, d'abord, et mon excellent ami M. Riotteau ensuite. Il résulte de ces déclarations que, dans la pensée des membres de la Commission permanente qui assistaient à la séance où fut émis ce vœu, la Bretagne n'a pas été particulièrement visée ; allant même plus loin, on nous a dit que la Bretagne était hors de cause. Nous sommes enchantés de ces déclarations, car elles nous rassurent beaucoup. Nous craignions, en effet, qu'étant donnée la grande autorité dont vous jouissez justement, les pouvoirs publics ne tinssent compte du vœu accepté par vous dans une large mesure.

Je ne veux pas refaire, après M. Gast, l'historique de la race postière. Il vous a dit, beaucoup mieux que je ne saurais le faire, pourquoi l'importation des norfolks était nécessaire pendant un certain nombre d'années encore. Vous avez vu les résultats du Concours central et c'est, comme l'a dit M. Gast, avec 38 étalons et une population chevaline de 45.000 juments que nous avons obtenu ces résultats. Il n'est pas surprenant, qu'ayant fait ce que vous savez, nous cherchions à faire davantage.

Notre principe est celui-ci : laisser chaque région d'élevage se développer dans son sens original, n'empiéter sur le domaine de personne ; nous ne voulons pas faire la loi à nos voisins, mais nous demandons que nos voisins ne la fassent pas chez nous ; que chacun soit maître dans sa maison et tout ira pour le mieux.

Il ne peut pas être question de lutte entre la Normandie et la Bretagne. Au Conseil supérieur des haras — mon excellent ami, M. de Saint-Quentin, ne me démentira pas — nous avons examiné cette question, que M. le Ministre qualifiait ce matin de brûlante, dans un esprit d'amitié et de camaraderie.

Nous nous sommes très vivement émus de ce vœu que nous avons mal interprété. Vous nous dites que nous ne l'avons pas bien compris ; il y a maldonne, mais je voudrais dégager de cette discussion une moralité. Elle a été indiquée ce matin. Votre Commission permanente est composée de personnes qui habitent un peu sur toutes les parties du territoire et il n'est pas facile pour toutes d'assister aux réunions auxquelles vous les convoquez. Je me permets donc d'insister de la façon la plus pressante pour qu'à l'avenir toutes les séances de la Commission permanente soient annoncées *quinze jours à l'avance* et pour que l'ordre du jour soit indiqué sur la lettre de convocation.

Et j'ajoute qu'après avoir pris acte, avec la plus grande satisfaction, des déclarations qui ont été faites, étant bien entendu qu'à aucun moment, dans aucune mesure et sous aucune forme on n'a entendu proscrire les achats d'étalons norfolks en Angleterre, je suis de l'avis de M. le Président qui disait qu'il fallait passer l'éponge sur cet incident, et je n'insiste pas davantage.

M. Armand Gast. — Le mieux serait d'obtenir une modification au texte.

M. de Kerjégu. — Il va de soi qu'on juxtaposera aux délibérations de la Commission les commentaires qui viennent d'être faits de ces mêmes délibérations ; il y aura ainsi le texte du vœu et les commentaires du vœu. On verra de cette façon qu'on n'a pas voulu empiéter sur ce que nous considérons comme notre patrimoine.

Je ne veux pas faire de longues citations. J'ai là l'adhésion sans réserve aucune, l'adhésion absolue de toutes les sociétés hippiques et des conseils généraux des trois départements intéressés, et, ce qui ne s'est pas vu souvent en Bretagne en pareille matière, l'adhésion de quatre mille propriétaires ou fermiers pour présenter ici la défense des intérêts de notre élevage.

Permettez-moi, en terminant, de me réjouir du dénouement de cet incident, qui doit nous montrer qu'en toute occasion, il faut toujours tâcher d'éviter les malentendus, les dissiper le plus tôt possible et surtout nous unir tous pour la défense de nos intérêts communs. (*Vifs applaudissements.*)

M. Riotteau. — Ces applaudissements montrent l'état d'esprit de l'Assemblée.

M. le Président. — Je tiens à souligner une des observations qu'a faite tout à l'heure M. de Kerjégu.

Les explications qui ont été échangées ont eu le très grand avantage de faire disparaître dans tous les esprits des appréhensions et des défiances qui auraient été une cause de faiblesse pour le Congrès, et vous êtes unanimes à applaudir à leur résultat, qui est une preuve de notre bonne foi commune. Mais M. de Kerjégu s'est avec raison préoccupé de l'avenir ; eh bien, je tiens à lui donner une satisfaction au-devant de laquelle il n'a pas couru.

Quand nous avons été mis au courant de cet incident, nous avons cherché, dans le Bureau de la Commission permanente, à établir une procédure qui mît autant que possible le Congrès à l'abri des surprises de toute nature et qui lui offrît toute garantie. Pour les questions qui intéresseront plus spécialement un genre d'élevage (pur sang, demi-sang ou trait), il a été décidé que la Commission permanente ne sera jamais saisie d'aucune proposition avant que celle-ci n'ait fait l'objet d'une délibération de la section qu'elle concernera, et que la section ne l'ait adoptée. Vous voyez, par conséquent, que vous aurez deux degrés de délibérations et que cette procédure vous donne, je le répète, toute garantie. (*Très bien ! Très bien !*)

Cette communication faite, je donne la parole à M. Baume.

M. Baume. — Ainsi qu'on vous l'a expliqué, la discussion actuelle reposait sur un malentendu. J'ajoute qu'au moment où se sont produites les protestations de M. Gast et de M. Ollivier, j'ai déclaré moi-même que le vœu du 4 novembre n'était dirigé contre aucun élevage et qu'il n'avait pas pour but l'exclusion d'achats de certains chevaux à l'étranger ; on demandait simplement que la question fût soumise au Conseil supérieur des haras et je crois que personne ne peut trouver mauvais de le consulter en cette matière. Voici, d'ailleurs, ce que je disais le 2 décembre, en réponse à l'honorable M. Ollivier. On verra que tout malentendu était dès lors écarté.

Extrait du procès-verbal de la séance du 2 décembre 1905 :

« M. Baume, répondant à M. Ollivier, dit que le vœu qui l'a ému à tort ne préjuge aucune question de principe en faveur d'un croisement ou d'un autre, puisqu'on laisse au Conseil supérieur des haras, dont M. Ollitrault-Dureste, l'un des protestataires, fait partie, toute faculté d'autoriser les achats d'étalons à l'étranger, lorsqu'ils peuvent être utiles. Il rappelle que l'on a procédé déjà à des achats de norfolks, à Londres, il y a quelques années, sur la demande de membres du Parlement, et qu'un étalon hackney, *Bank-Note*, payé 3o.ooo francs et envoyé à la station de Saint-Pol-de-Léon, a dû être réformé au bout de deux ans, parce que les éleveurs n'utilisaient pas ses services. En dehors de la question des achats d'étalons norfolks, il y a eu celle des étalons de trait achetés en Belgique, alors que la France passe à juste titre pour faire les plus beaux étalons de trait du monde. »

D'autre part, il y a eu dans l'esprit de M. Gast une sorte de confusion : il a voulu voir comme étant une opinion de la Commission permanente, des articles de presse qu'il sait parfaitement être indépendants. Pour ceux qui ont suivi attentivement les articles que j'ai écrits, ce malentendu n'a pu exister et j'ajoute que, sur le fond de la question, M. Ollitrault-Dureste a bien voulu m'écrire une lettre dans laquelle il constatait que nous étions à peu près entièrement d'accord.

Il y a un norfolk ancien type et un norfolk nouveau type. Je viens de faire copier à la Bibliothèque nationale un discours prononcé par M. Plazen, directeur général des haras ; il a été prononcé il y a huit ans et, par conséquent, il a déjà un caractère presque historique. Dès 1898, on avait demandé à la Chambre des députés, qu'on achetât un plus grand nombre de norfolks et qu'on les achetât de meilleure qualité ; on se plaignait avec raison de ne plus trouver ces chevaux qui ont fait la fortune de la race bretonne, à une époque où le norfolk était un reproducteur utile en Bretagne et en Normandie. Voici ce que disait M. Plazen, comme commissaire du gouvernement à la Chambre, en réponse à M. de Mun :

. . . .

..... J'ai le regret de vous dire que les étalons tels que vous les dépeignez n'existent pas. Je ne voudrais pas vous parler de ma personne, mais je vous demande pourtant la permission de vous dire que, depuis plus de vingt ans, je fais des achats en Angleterre. J'assiste régulièrement au concours d'Islington. Les chevaux qui sont primés et qui se vendent 125.000 francs et plus ne sont pas du tout les chevaux que vous demandez. Si on achetait un de ces chevaux primés et valant 125.000 ou 150.000 francs, et si on l'amenait à la station de Saint-Pol sans dire ce qu'il est, je vous assure que les éleveurs ne le trouveraient pas à leur goût ; et si on leur racontait que ce cheval a été payé aussi cher et qu'il a été le premier au concours, ils diraient qu'il a été changé en route. (*On rit.*)

M. VILLIERS. — Ce qui arrive quelquefois !.....

Je ne le crois pas. On a dit qu'il y avait des animaux fabriqués en vue de l'exportation et que si on n'achetait pas ceux qui conviennent à la Bretagne, c'est qu'on n'avait pas l'argent nécessaire.

Il est vrai qu'on élève des étalons pour l'exportation, mais ces animaux sont de qualité inférieure. Ils ont plus de taille, plus de gros que les autres, mais ils n'ont pas l'action remarquable qui constitue la valeur du Norfolk. Ils sont à bas prix, et il ne paraît pas nécessaire à l'Administration d'acquérir des animaux qui n'ont ni le type, ni l'action caractéristique de la race.

Les étalons du Norfolk autrefois étaient d'un genre différent de ceux d'aujourd'hui : c'étaient des animaux dont la taille ne dépassait guère 1 m. 56, qui avaient des jambes très courtes et une action aussi belle que celle qu'on recherche aujourd'hui.

Depuis 1885, on a créé un stud-book de cette race de Norfolk ; à la suite de cette création, la sélection a été pratiquée d'une façon rigoureuse, et il arrive qu'aujourd'hui ceux qui se payent le plus cher sont des animaux qui ont peut-être un peu plus de taille, parce qu'ils ont les jambes plus longues, mais qui n'ont pas le développement que vous recherchez. Ce sont des chevaux légers, ayant une valeur considérable à cause de l'action très haute et très arrondie qu'ils possèdent.

. . . .

..... Vous avez dit aussi que vous n'aviez pas, à la station de Saint-Pol, le nombre d'étalons nécessaire, qu'il devrait être de 20 et qu'il n'est que de 16. On vous en aurait donné 20 s'ils vous eussent été nécessaires, mais vous constatez vous-même que le nombre des juments saillies à Saint-Pol a diminué et qu'à l'heure actuelle il ne nécessite pas un plus grand nombre d'étalons.

. . . .

..... J'ai eu l'honneur de vous dire que nous ne les avions pas et j'ajoute : je ne crois pas possible de les trouver.

Nous sommes disposés à faire tout ce qui est en notre pouvoir pour vous donner tous les animaux que vous désirez ; s'ils sont à Islington vous les aurez, dussions-nous y consacrer un prix élevé. Nous ne chercherons pas à vous ramener les premiers de ce concours, parce qu'ils sont d'un genre dont vous ne voulez pas et qu'ils coûtent des sommes énormes.

. . . .

..... Il faut les trouver. J'en ai moi-même acheté pendant longtemps en Angleterre, il y a 15 ou 20 ans ; j'en trouvais qui convenaient à la Bretagne, à l'heure actuelle je n'en trouve plus.

C'est en 1898 que fut prononcé ce discours ; je me rappelle qu'à l'époque des achats qui en furent la suite, j'étais à Londres, où je rencontrai la Commission. Lorsque les achats furent faits, on me demanda d'aller les voir et de donner mon avis. J'en ai rendu compte et j'ai eu l'honneur de voir ma prose reproduite dans des journaux locaux. J'ai approuvé l'achat de plusieurs chevaux d'un type que nous ne trouvons pas en France, et j'ai critiqué, au contraire, d'autres animaux, depuis réformés, quoique ayant coûté très cher.

Il y a donc norfolks et norfolks, et les gens de bonne foi, connaisseurs, n'ont pas d'opinion absolue contre aucune race.

M. le Président. — Mon cher collègue, permettez-moi de vous faire remarquer que nous ne traitons pas la question du norfolk, qui n'est pas à l'ordre du jour ; il s'agit simplement d'une question d'interprétation d'un vœu émis par la Commission permanente sur les achats à l'étranger.

M. Baume. — Je veux simplement dire que personne n'a de parti pris pour empêcher de faire des achats quelconques, s'ils sont indispensables à l'élevage français. J'estime que l'on doit pouvoir acheter des chevaux là où on trouve ceux qui nous sont nécessaires, en ce qui concerne le pur sang, le demi-sang et le trait ; mais je suis partisan de la réserve faite par le Conseil supérieur des haras, en ce qui concerne le pur sang et qu'il faut étendre à toutes les catégories : il ne faut faire d'achats à l'étranger que lorsque le cheval similaire ne peut pas se trouver en France. Tel était le sens du vœu sur lequel on a demandé des explications, et auquel tous les éleveurs français ne peuvent manquer de se joindre.

M. le Président. — Des explications qui viennent d'être échangées, il résulte que tout le monde est d'accord. Si personne ne demande plus la parole, je considérerai la question comme vidée.

Ainsi que l'a demandé M. de Kerjégu, le procès-verbal de la présente séance sera le commentaire du vœu qui a été émis par la Commission permanente dans sa séance du 4 novembre 1905. (*Applaudissements.*)

Messieurs, nous avons épuisé l'ordre du jour du Congrès hippique de 1906. Avant de nous séparer, je dois informer ceux de nos collègues qui n'ont pu assister à la séance de ce matin, que cette séance s'est terminée par la nomination des membres de la Commission permanente. Une discussion s'est ouverte sur la procédure à suivre et, après plusieurs votes successifs, le Congrès a décidé que le nombre des membres de chaque section serait porté de 33 à 40, ce qui a permis d'introduire dans les sections, notamment dans celle du demi-sang, des représentants des intérêts de l'élevage breton. Cette décision a été prise par le Congrès à une grosse majorité et je ne pense pas qu'elle soulève de difficultés de la part d'aucun membre de cette assemblée. Mais il était de mon devoir de la communiquer à tous nos collègues. (*Très bien! Très bien!*)

M. de Kerjégu. — Si j'avais été présent à la séance de ce matin, j'aurais appris à nos collègues qu'un des membres de la section du demi-sang est décédé ; c'est M. du Rusquec. Je propose de le remplacer par M. Ollitrault-Dureste, président du Conseil général des Côtes-du-Nord, membre du Conseil supérieur des haras et président de la Société hippique de Corlay.

M. le Président. — Il n'y a pas d'opposition à la nomination de M. Ollitrault-Dureste comme membre de la Commission permanente ?

M. Ollitrault-Dureste est nommé membre de la Commission permanente.

Personne ne demande plus la parole ?

Je déclare close la session pour l'année 1906.

(La séance est levée à six heures et demie.)

Banquet du Congrès

Le banquet du Congrès a eu lieu le 16 juin, à midi et demi, à l'Hôtel Continental. M. Ruau, ministre de l'Agriculture, présidait, ayant à ses côtés M. Eug. Etienne, ministre de la Guerre, et M. Ed. Caze, sénateur, président du Congrès.

Dans l'assistance, qui comprenait cent quarante convives environ, on remarquait : M. Belmont, président du Jockey-Club de New-York ; M. le professeur Chauveau, membre de l'Institut ; M. le professeur L. Grandeau, inspecteur général des stations agronomiques ; M. Tisserand, directeur honoraire de l'Agriculture, conseiller maître honoraire à la Cour des Comptes ;

MM. le vicomte d'Harcourt, le prince Murat, Riotteau, le baron du Teil du Havelt, Robert Papin, présidents des grandes sociétés hippiques de Paris ; le marquis de Barbentane, président de l'Association des sociétés de courses du Centre et du Sud-Est ;

MM. Basire, Courrègelongue, Auguste Ollivier, comte de Saint-Quentin, sénateurs ; James de Kerjégu et J. Ory, députés ; Prillieux, ancien sénateur, membre de l'Institut ;

MM. Adrien Dariac, directeur, et Ringiesen, chef du Cabinet du Ministre de l'Agriculture ;

M. Hornez, directeur général des haras ;

M. L. Daubrée, conseiller d'Etat ; Dabat et Mamelle, directeurs au Ministère de l'Agriculture ;

M. le capitaine Jouinot-Gambetta, officier d'ordonnance du Ministre de la Guerre ;

MM. Viseur, Decker-David, Lavalard, Ph. du Rozier, G. Barrier, vice-présidents ; de Lagorsse, secrétaire général ; Maurice Caillault, comte P. de Pourtalès et L. Baume, secrétaires de la Commission permanente du Congrès hippique ;

MM. de Lanney, Ollivier, Chambry, Simonnin, de Saunhac, Quinchez, inspecteurs généraux des haras ;

MM. de Sevin et Leroy, chefs de bureau à l'Administration des haras ;

MM. de Chavigné, d'Agnel de Bourbon, Dupont, de Saint-Pern, de Paraize, du Pontavice de Heussey, de Canisy, Laurand, de Pardieu, de Rogier, directeurs de dépôts d'étalons ;

MM. d'Andigné, Aumont, Ch. Aveline, Paul Bajac, F. Bardin, Bassigny, L. Bedout, F. Caquet, Maurice Foache, Frézier, marquis de Ganay, duc de Gramont, comte de Guébriant, Hémard, Jean Joubert, Lazard, comte Le Marois, Madaré, O. Moulinet, L. de Neuville, Ollitrault-Dureste, Henry Remy, Jean Stern, Thibault, marquis de Tracy, Albert Viel, propriétaires-éleveurs, membres de la Commission permanente du Congrès hippique ;

MM. Ad. Wallet, J. Sempé, Th. Lallouët, F. Gauvreau, P. Chevalier, E. Le Gentil, Ph. Denis, Ed. Perriot, A. Chantecaille, P.-J. Moreau, lauréats du Concours central hippique ;

MM. C. Camille aîné, président ; Bouchard, vice-président ; Bernard, secrétaire ; Picot, trésorier ; H. Dourlent et Plaut, membres du Comité de l'Union hippique de France ;

MM. le duc d'Uzès, le duc de Noailles, le marquis de

La Garde, le comte Léon de Maleissye, le marquis de Nieuil, de Pontlevoye, Chéri Halbronn, Albert Anquetin, Albert Dulac, Michaud, Lemoine, Alfred Cottard, G. Dethan, Geslain, Cavey aîné, Gasnos, Guilet, Grivart, Ant. May, Garrigou-Larriale, propriétaires-éleveurs ;

MM. A. Légonier, agent général de la Société nationale d'encouragement à l'agriculture ; Detot, sténographe du Congrès hippique ;

MM. Georges Baltazzi, directeur du journal le *Jockey* ; L. Cauchois, directeur de la *France chevaline* ; Paul Roger, directeur de la *France hippique* ; Jean Romain, directeur du *Sport universel illustré* ; L. Bréchemin, rédacteur en chef de l'*Agriculture nouvelle* ; P. Géré, rédacteur en chef du *Petit Journal agricole* ; baron d'Anchald, rédacteur au *Journal d'agriculture pratique* ; L. Fossey, secrétaire de la rédaction de la *Semaine agricole* ; les rédacteurs aux Agences *Havas*, l'*Information* et *Fournier*, et aux journaux *le Temps*, *des Débats*, *le Petit Journal*, etc., etc.

Au dessert, les toasts suivants ont été portés :

TOAST DE M. ED. CAZE
PRÉSIDENT DU CONGRÈS

Messieurs, j'ai l'honneur de vous proposer de boire à la santé de M. le Président de la République. Ce n'est pas seulement un hommage au chef du Gouvernement de la France, c'est encore l'expression de notre confiance dans la sympathie particulière pour notre œuvre que nous attendons de l'ancien représentant du département de Lot-et-Garonne. (*Applaudissements.*)

Je ne répondrais pas à vos sentiments intimes si je ne vous proposais pas d'associer à ce toast M. le Ministre de l'Agriculture et M. le Ministre de la Guerre, qui ont bien voulu nous honorer de leur présence. (*Nouveaux applaudissements.*)

Je suis fort embarrassé pour parler d'eux, car mon amitié, la vieille amitié qui m'unit à l'un et à l'autre m'exposerait à la partialité dans l'expression de ma sympathie. Mais il y a deux choses que je puis dire, avec la certitude d'être l'interprète des sentiments unanimes des membres de cette réunion, et ces deux choses sont :

Pour vous, M. le Ministre de l'Agriculture, le Congrès, qui a la satisfaction de vous voir aujourd'hui assis à sa table, est heureux de retrouver le plaisir qu'il a eu l'année dernière et ne forme qu'un vœu, c'est de vous y revoir l'an prochain. (*Vifs applaudissements.*)

Quant à vous, mon cher Etienne, qui nous connaissons presque depuis l'adolescence, je puis porter témoignage que si vous avez accepté l'honneur de commander l'armée, c'est parce que vous y avez vu la faculté de la mieux servir. (*Applaudissements.*)

Après les sentiments que je viens d'exprimer, qu'ai-je à ajouter, Messieurs, sinon qu'il y a des remerciements d'un ordre particulier à adresser à M. le Ministre de l'Agriculture, car c'est lui qui a dressé la charte de nos réunions annuelles et signé l'arrêté ministériel qui a déterminé les conditions dans lesquelles non seulement fonctionne le Concours, mais fonctionne aussi le Congrès hippique. En signant cette charte, il a donné une suite logique et nécessaire à ce grand effort de l'Etat qui s'est produit en 1874, un peu après l'année terrible. A ce moment, l'élevage français a été appelé, par l'action de l'Etat, à faire un retour sur lui-même et à se demander s'il n'était pas resté au-dessous de sa principale tâche. Il y a eu une sorte d'examen de conscience général dans lequel l'Etat et les associations privées ont fait, chacun de leur côté, leur *mea culpa*. De là est née la loi de 1874, à laquelle on doit la rénovation du service des Haras.

En vue de la période de travail persévérant qui devait suivre, ce n'est pas seulement à l'action directrice des Haras que faisait appel le patriotisme de l'Assemblée nationale, c'était aussi à l'élevage privé, car dans les documents qui ont servi à élaborer cette loi, on peut retrouver les deux objectifs qu'on avait alors en vue, et qui n'ont pas cessé de s'imposer au patriotisme de la

France : d'abord la mise à la disposition de l'armée du contingent nécessaire, issu uniquement du sol français, pour satisfaire à l'effectif de paix ; ensuite, dans la masse générale de la population chevaline, les existences suffisantes pour répondre aux besoins de cette conscription nouvelle, — car nous avons créé la conscription des chevaux en même temps que le service obligatoire des hommes — de telle sorte que l'appel du Ministre de la Guerre puisse faire en quelques jours jaillir du sol les deux cent mille chevaux nécessaires aux premiers efforts de la mobilisation.

Si on se tourne vers le passé, si on regarde le chemin parcouru pendant les trente années qui viennent de s'écouler, tout nous dit qu'au point de vue de la remonte proprement dite, on a lieu d'être satisfait des résultats obtenus.

Mais à l'autre point de vue, il semble que nous soyons restés quelque peu en retard, et c'est précisément parce que ce retard existe et parce que mon ami Ruau en a eu le sentiment, comme il a le sentiment de tout ce qui touche à l'agriculture et à l'intérêt national, qu'il s'est dit : Après l'action de l'Etat, il faut provoquer l'action des sociétés privées, encourager les initiatives individuelles. (*Très bien ! Très bien !*) Et alors, après l'augmentation des ressources des haras, après le développement des efforts de l'Etat, manifestés par les primes de toute ·nature consacrées à l'élevage par le budget national et par les budgets départementaux, il a eu la pensée, pensée très libérale en même temps que très impulsive, de provoquer les différents groupes d'élevage de France à se réunir, à montrer côte à côte, dans une fraternelle émulation, les résultats de leurs efforts, et à substituer à leur isolement la communication mutuelle de leurs méthodes et le secret de leurs succès.

Cet appel a été entendu. Et c'est parce qu'il se dégageait du fond même des choses, je devrais dire, du cœur même de la situation, que toutes les régions chevalines de la France y ont répondu avec un entrain dans lequel se fondent toutes les rivalités et s'effacent toutes les classifications politiques, car on a simplement obéi à un sentiment commun, qui, lorsqu'il est mis en jeu, domine tous les autres : celui du devoir envers la Patrie. Aussi, laissez-moi vous remercier, mon cher Ministre, d'avoir, par cet acte, convoqué ce que j'appellerai les États généraux de l'Élevage français. (*Vifs applaudissements.*)

Je crois que M. le Ministre de l'Agriculture n'a pas à se plaindre des résultats dûs à son initiative et à ses efforts, car le spectacle que nous avons eu l'année dernière et que nous avons cette année à la Galerie des Machines, révèle un souci de plus en plus grand de faire mieux, et il nous permet d'espérer, pour la conscription des chevaux, les heureux résultats que nous avons constatés pour la remonte.

Ce spectacle fait plus encore. L'élevage du cheval a trop d'attrait, il fait vibrer trop de fibres en nos âmes, pour n'être qu'une industrie : il est un art, je dirai même, dussé-je m'exposer à paraître céder à un emballement de méridional, qu'il est une poésie.

Oui, lorsque ces jours-ci, à la Galerie des Machines, je voyais piaffer, se cabrer et hennir ces magnifiques sujets de nos diverses races..... Oh ! je m'arrête un instant, messieurs, pour avouer que je ne parle pas du pur sang. Il a été bien modeste, cette année, le pur sang anglais ! Modestie qui est peut-être doublée de quelque courtoisie diplomatique. C'est sans doute comme marque de cette galanterie que nous avons vu, il y a quelques jours, sur l'hippodrome de Longchamp, le cheval de mon ami Jean Joubert sembler céder la place au cheval anglais, par une sorte de sacrifice à l'entente cordiale. (*Rires.*)

Jusqu'à la dernière minute, il nous a tenu en haleine, comme s'il eût reçu de son maître mission de ne dire qu'au poteau : « Messieurs les Anglais, passez les premiers... » (*Rires.*)

Il était prédestiné au rôle que la finesse de Jean Joubert lui a confié ; et il ne pouvait pas se conduire autrement que les Gardes-Françaises, ce cheval qu'une pensée prévoyante avait baptisé du nom de Brisecœur !.... (*Nouveaux rires.*)

Je disais donc, messieurs, qu'il y a de la poésie dans l'élevage ; et les magnifiques animaux que nous présentent M. Lallouët et ses émules de Normandie ou des pâturages de Saint-Gaudens et de Tarbes, sont de véritables chefs-d'œuvre qui, par l'élégance et l'harmonie des lignes, par la puissance des formes et la fougue de l'expression, évoquent dans nos esprits la pensée de parentés esthétiques.

Je ne sais si je me trompe, je vais peut-être formuler une hérésie. Mon excuse sera dans l'infatuation de mon patriotisme. Mais, en ma qualité de Français, et de Français de Gascogne, je me figure que c'est surtout l'école française de peinture qui a brillé dans la représentation du cheval.

En admirant vos superbes créatures, messieurs les éleveurs, mon imagination y mêlait tour à tour le cheval de Géricault franchissant les Alpes ; et aussi ce cheval que Meissonier semble avoir pénétré du sentiment qu'il portait César et sa fortune ; et encore celui dans lequel Henri Regnault a fait se dresser toutes les fiertés du Duc de la Victoire ; et ceux qui bondissent, hérissés, dans les fresques de Delacroix ; et celui à qui Detaille fait, presque autant qu'à son capitaine, commander la mise en batterie : tous chevaux qui sont, messieurs les éleveurs, les frères immortels des vôtres, et qui composent pour' notre France l'escadron sacré du Parnasse ! (*Applaudissements.*)

La poésie du cheval, messieurs, mais la présence de M. le Ministre de la Guerre en évoque dans mon esprit une bien saisissante manifestation. Car il est né dans les régions qui furent le théâtre des derniers efforts de cet homme de cheval indomptable qui donna tant de mal à notre héroïque armée d'Afrique, Abd-el-Kader ; et cela me remet en mémoire la légende, je devrais dire l'acte de foi par lequel l'illustre émir nous a révélé la création du cheval.

Donc, raconte Abd-el-Kader, Dieu voulut créer le cheval pour le service de l'homme. Et de même qu'il a formé Adam en pétrissant du limon, Dieu dit au vent du Sud : « Condense-toi. » Le vent s'étant condensé, l'ange Gabriel prit une poignée de cette matière et la présenta à Dieu. Alors Dieu la revêtit de poil bai-brun et dit : « Je t'appelle cheval, et tu seras arabe !... » (*Rires.*)

Ne sourions pas trop, messieurs, de cette candeur !...

Cette allégorie convenait à coup sûr à cette fière race de l'Arabe de grande tente.

Mais ne répond-elle pas aussi à quelques-uns des instincts dont nous autres, Français, nous sommes pétris ?

En tous cas, elle ne peut qu'être un titre de noblesse pour les types de nos meilleures familles chevalines.

L'autre jour, mon ami Viseur, me voyant admirer un superbe poulain boulonnais dont la tête fine et altière donnait une si noble expression à la haute encolure, me dit : « Il remonte à César. César avait amené chez nous des chevaux de l'Afrique et, par conséquent, il y a du sang arabe dans ce poulain ».

Oui, je prends au mot Viseur. Et ce sang arabe qu'il signale dans le boulonnais, nos pères le revendiquaient dans les meilleures races dont s'est honorée la France.

Il y en avait dans ces races du Limousin et de l'Auvergne, qui fournissaient les chevaux des maréchaux de l'Empire ; dans ces races de Franche-Comté, qui donnaient leurs chevaux aux dragons et aux artilleurs des armées de la République. Oui, il y en avait dans les veines de tous ces chevaux qui portèrent nos cavaliers au travers de l'Europe, et c'est parce qu'ils avaient puisé leur énergie à cette source divine que ce vent du Sud, échappé des mains du dieu d'Abd-el-Kader, balayait les champs de bataille d'Eylau, de Friedland et de la Moskowa, et pouvait, sous l'éperon de Murat, devenir l'ouragan !... (*Applaudissements vifs et répétés.*)

TOAST DE M. RUAU

MINISTRE DE L'AGRICULTURE

Messieurs, vous me voyez bien embarrassé pour prendre la parole après le discours prononcé par mon excellent ami M. Caze. Je veux tout d'abord lui faire remarquer qu'il m'a adressé trop d'éloges et lui déclarer que je ne les accepte que sous bénéfice d'inventaire.

Il vous a parlé d'agriculture avec sa verve coutumière ; il a mis dans ses paroles toute sa passion, parce qu'il aime le cheval.

Nous avons eu un très beau concours ; je dis « nous » parce que tout le monde y a contribué, parce que tous les éleveurs ont répondu à mon appel.

Je n'ai pas eu le temps de voir comme je l'aurais désiré l'ensemble des lots ; mais, après une visite que j'ai pu faire à la Galerie des Machines avec mon ami M. Sarrien, président du

Conseil, j'ai vu qu'il y avait cette année beaucoup plus d'homo-généité dans les lots envoyés que dans ceux de l'an dernier. Nous avons eu une magnifique exposition de ces boulonnais si chers au cœur de notre excellent ami M. Viseur et ce, à juste titre, puisque, comme le disait M. Caze, nous retrouvons là la race de chevaux qui menaient à la victoire Louis XIV et ses capitaines. Les percherons, à l'œil si vif, sont venus en grand nombre; ils ont fait l'objet de très nombreuses transactions : l'Amérique cherche avec raison à les acquérir; on les recherche surtout un peu massifs avec la robe noire. C'est affaire de bon époux.

Le Midi aussi a bougé ; on lui a facilité les moyens de trans-port, ce qui lui a permis d'amener un lot de 150 bêtes qui représentent un des plus beaux spécimens de notre cavalerie légère.

Cette exposition permet à tout le monde d'admirer les ressources inépuisables de la cavalerie française et surtout les types extrêmement divers de ses productions. (*Très bien! Très bien !*)

Je souhaiterais que les étrangers vinssent en plus grand nombre qu'ils ne sont venus, même cette année. Dans un vœu émis hier au Congrès hippique, j'ai trouvé d'excellents conseils sur lesquels vous me permettrez d'insister. Un des membres de cette assemblée, M. Lavalard, dont la compétence est tout à fait remarquable en ces matières, a bien voulu dire que la pro-duction du cheval ne souffrait pas autant qu'on le croyait du développement de l'automobilisme. Sur l'avenue du Bois, on apercevait autrefois de belles victorias attelées de carrossiers normands ; on ne voit plus guère aujourd'hui que des *6o-chevaux* ; mais, un équipage étant beaucoup plus gracieux qu'une automobile, une fois la vogue passée, on reviendra tout naturellement aux victorias, où les élégantes du temps passé se faisaient admirer d'une façon plus complète que dans ces voi-tures limousines, un peu fermées, où elles sont obligées de s'habiller avec des peaux de bêtes. (*Rires et applaudissements.*)

Toujours est-il que la production du cheval ne diminue pas. Je crois même qu'il y a plutôt accroissement; avec raison, les étrangers recherchent nos boulonnais, nos percherons, nos nivernais, etc.; on cherche même à les acclimater, et mon ami Caillault me faisait dernièrement faire connaissance avec le Ministre des Finances d'une autre nation qui voulait s'occuper de la régénération de la race chevaline dans son pays.

Lors de son dernier voyage en France, S. M. Alphonse XIII a voulu acheter des percherons; le marquis de Viana est venu à plusieurs reprises en acheter plus de 60, pour tâcher de reconstituer la race chevaline espagnole, un peu épuisée.

Nous n'avons donc qu'à nous féliciter d'être entré dans la voie scientifique où nous ont conduits les éleveurs. Il n'est pas surprenant que lorsqu'on fait un cheval aussi précieux que celui que vous fabriquez, c'est-à-dire un cheval dont le poids de la viande est relativement si cher, puisqu'aujourd'hui ce n'est un secret pour personne que les étalons de M. Ed. Blanc, dont l'élevage est si remarquable, se vendent entre 400.000 et 700.000 fr. à l'étranger, l'on surveille l'alimentation de ces animaux de façon à se rendre journellement compte de ses résultats.

On a parlé de la loi de 1874; je tiens à dire, qu'à ce point de vue, l'administration a fait tout son devoir; mais, par le fait qu'elle est administration, elle est obligée de rester dans de certaines limites; il est donc naturel qu'à côté d'elle les éleveurs fassent preuve d'initiative et indiquent les voies nouvelles dans lesquelles il serait bon d'entrer; de cette union intime de l'Administration des haras et des éleveurs il ne peut résulter pour l'avenir que le plus grand profit pour notre élevage. (*Très bien! Très bien!*)

Quant à moi, mon but est de rapprocher les efforts des uns et des autres et il me sera permis de rappeler que le Conseil supérieur des haras, dont le rôle dans ces dernières années était assez effacé, exerce aujourd'hui une action plus efficace; il faudra qu'il cherche à préciser dans chaque région les conditions les plus avantageuses de l'élevage, afin de fixer d'une manière définitive nos meilleures races. C'est ainsi que la question du Norfolk, un peu brûlante, un peu difficile, sera, sous la propre responsabilité du Ministre de l'Agriculture, examinée de la façon la plus complète dans quelques jours; on tiendra naturellement compte des vœux émis par les différentes régions et des rapports présentés, à ce sujet, par l'Administration des haras.

C'est donc dans un esprit absolu d'entente entre tous les éleveurs de France, quelles que soient leur région, leur tendance, leurs opinions politiques — car nous ne sommes pas ici pour faire de la politique — que sera étudiée cette importante question. Nous n'avons qu'un désir, c'est celui qui est exprimé d'une façon si précise dans la loi de 1874 : d'une part, conserver à ce pays la cavalerie dont il a besoin pour sa défense en cas de guerre ; d'autre part, améliorer nos races nationales. C'est un but extrêmement noble qui ne dépasse évidemment pas le but des éleveurs français. La présence de mon collègue Etienne à cette cérémonie, est un témoignage de son attachement aux efforts de nos éleveurs et elle prouve l'union intime qui existe entre l'agriculture et la guerre pour la préparation de notre défense nationale.

Je bois à mon excellent ami M. Ed. Caze et à mon collègue et ami M. Etienne. (*Applaudissements prolongés.*)

Réunion de la Commission permanente

du 9 Juillet 1906

Les membres de la Commission permanente du Congrès hippique se sont réunis le lundi 9 juillet, 5, avenue de l'Opéra, sous la présidence de M. Ed. Caze, sénateur de la Haute-Garonne, pour procéder à la nomination du Bureau de la Commission.

Etaient présents :

MM. Ed. Caze, de Lagorsse, Paul Bajac, Raoul Ballière, F. Bardin, G. Barrier, Basire, de Basly, Bassigny, L. Baume, J. de Brémond, Maurice Caillault, G. Clément, Alphonse Colas, H. Delamarre, Dufrien, Jean Dupuy, comte de Fels, E. Frézier, marquis de Ganay, duc de Gramont, G. Guerlain, vicomte d'Harcourt, A. Hayes, A. Hémard, Jean Joubert, de Kerjégu, Th. Lallouët, S. Lazard, Le Bourg, Le Gentil, comte Le Marois, de la Moissonnière, Ed. Madaré, O. Moulinet, L. de Neuville, comte de Nicolay, A. Ollivier, Pignard-Dudézert, comte Paul de Pourtalès, Riotteau, P. du Rozier, comte de Saint-Quentin, baron du Teil du Havelt, Teisserenc de Bort, Thibault, Tisserand, Albert Viel, Viseur.

Se sont excusés :

MM. Alexandre Aumont, Ch. Aveline, Camille Blanc, François Caquet, Decker-David, baron Demarçay, Fagot, Foache, Fortier, H. Garreau, Ernest Gilbert, comte de Guébriant, Lavalard, E. Marcillac, prince Murat, baron Aug.

de Nexon, Ollitrault-Dureste, Edmond Perriot, Gaston Perrot, Alain Queinnec, Roinard, Paul Rouvier, F. Sarrien.

M. Caze invite M. Tisserand, comme doyen, à prendre le fauteuil de la Présidence.

M. Tisserand rappelle que l'ordre du jour comprend la nomination du Bureau de la Commission. Il donne la liste des noms composant le Bureau sortant :

Président : M. Ed. Caze.
Vice-Présidents : MM. Jean Dupuy, H. Gomot, F. Sarrien, vicomte d'Harcourt, baron du Teil du Havelt, prince Murat, Riotteau, Edmond Blanc, Viseur, Decker-David, Lavalard, Ph. du Rozier, G. Barrier.
Secrétaire général trésorier : M. de Lagorsse.
Secrétaires : MM. M. Caillault, comte P. de Pourtalès, L. Baume.

Plusieurs membres proposent de nommer par acclamation M. Ed. Caze comme président. Cette proposition est adoptée à l'unanimité.

M. Edmond Caze, en prenant place au fauteuil, remercie la Commission du nouveau témoignage de confiance qu'il reçoit d'elle. Il se rend compte, en jetant ses regards sur l'assemblée qu'il a devant lui, combien l'assemblée n'avait que le choix entre des compétences plus autorisées que lui. Mais il est sûr d'une chose, c'est que, par un côté du moins, il pourra être à la hauteur de l'honneur qui lui est fait : c'est par le dévouement à l'œuvre si passionnante de l'élevage du cheval, envisagée au point de vue de l'intérêt national.

Les vice-présidents sortants sont réélus à l'unanimité par acclamation, ainsi que M. de Lagorsse, secrétaire général, et les secrétaires auxquels on adjoint M. Ernest Le Gentil, pour faire la part de la Section du trait.

M. de Lagorsse a la parole et donne lecture de la

répartition de la Commission permanente entre les trois sections du pur sang, du demi-sang et du trait.

Section du pur sang

MM. Abeille ; d'Andigné ; J. Arnaud ; A. Aumont ; Paul Bajac ; G. Barrier ; L. Bedout ; C. Blanc ; Ed. Blanc ; Bougues ; de Brémond ; M. Caillault ; Chédeville ; Comet ; H. Corbière ; Decker-David ; H. Delamarre ; baron Demarçay ; G. Dreyfus ; J. Dupuy ; comte de Fels ; M. Foache ; marquis de Ganay ; duc de Gramont ; vicomte d'Harcourt ; Jean Joubert ; comte de Lastours ; comte Le Marois ; Merle ; prince Murat ; baron de Nexon ; comte de Nicolay ; Robert Papin ; Pédebidou ; comte P. de Pourtalès ; J. Prat ; H. Remy ; J. Stern ; marquis de Tracy ; Veil-Picard.

Section du demi-sang

MM. Ballière ; marquis de Barbentane ; Basire ; de Basly ; Bassigny ; L. Baume ; Beauchamp ; Boulnois ; Courrègelongue ; Garreau ; A. Gast ; Gomot ; comte de Guébriant ; Guerlain ; Hémard ; de Kerjégu ; Th. Lallouët ; vicomte de Langle ; Lazard ; Le Bourg ; Le Prevost de la Moissonnière ; Le Roux ; Louis Marchegay ; Marcillac ; Méténier ; O. Moulinet ; L. de Neuville ; Ollitrault-Dureste ; Ollivier ; G. Perrot ; Pignard-Dudézert ; Riotteau ; Paul Rouvier ; Ph. du Rozier ; comte de Saint-Quentin ; F. Sarrien ; baron du Teil du Havelt ; Teisserenc de Bort ; Thibault ; Albert Viel.

Section du cheval de trait

MM. Ch. Aveline ; J.-L. Aveline ; Bachelet ; Bardin ; Calais ; Caquet ; Chouanard ; Clément ; Colas ; Félicien Delattre ; Denis ; Dufrien ; Fagot ; Fardouët ; Fortier ; baron de Fresnoye ; Frézier ; Constant Furne ; Gasselin ; Ernest Gilbert ; Hayes ; baron d'Herlincourt ; Lavalard ; Lhoste ; Le Gentil ; Prosper Leleu ; comte de Lhomel ; Madaré ; Perriot ; Prillieux ; Roinard ; Alain Queinnec ; J.-L. Queinnec ; baron de Saint-Paul ; Signoret ; Tacheau ; Tisserand ; Marcel Vacher ; Vallée ; Viseur.

M. le Président invite les trois sections à déterminer le jour qui est le mieux à leur convenance pour procéder à la nomination de leur bureau respectif.

La section du pur sang décide de se réunir le lundi 27 septembre, à 10 heures du matin ; la section du demi-sang, le samedi 8 septembre, à 10 heures, et la section du trait, le samedi 6 octobre, à 10 heures.

Les membres de chaque section seront convoqués quinze jours à l'avance, avec mention de l'ordre du jour.

ANNEXES

Rapport de M. Ernest LE GENTIL

Secrétaire général du Syndicat hippique boulonnais

sur les

CONCOURS A L'ÉTRANGER

Nous ne traiterons aujourd'hui, Messieurs, si vous le voulez, qu'une partie du vaste programme tracé par la Commission permanente du Congrès hippique : « Les Concours à l'Etranger. »

D'abord, nous ne nous occuperons que des *chevaux de trait;* ensuite, nous n'examinerons les encouragements donnés à cet élevage que dans les pays étrangers où sa production est la plus active.

Nous diviserons les pays producteurs de chevaux de trait en deux classes : ceux de l'*Europe centrale*, soit le Danemark, l'Allemagne, la Belgique, et ceux des pays *Anglo-Saxons*, c'est-à-dire l'Angleterre et les Etats-Unis.

Dans l'Europe centrale, nous voyons, à côté des concours qui sont tenus pour *exposer et vendre* le plus d'animaux possible, des *primes de conservation* instituées pour empêcher la sortie des animaux de tête, mâles et femelles.

Dans les pays anglo-saxons, au contraire, les encouragements sont plus libéraux, aucune restriction n'est faite ; et on part de ce principe que plus on vend d'animaux dans un pays d'élevage, plus la richesse s'y répand, ce qui permet de faire de nouveaux sacrifices, c'est-à-dire d'*augmenter la qualité.*

Cette première classification faite, pour la clarté de ces études, examinons rapidement, dans chacun des pays que nous venons de citer, les encouragements à la production du cheval de trait.

Commençons par le Danemark, un des pays les mieux organisés au point de vue de l'élevage.

Danemark

Le Danemark possède près de 260.000 chevaux, dont 48 000 pour la race de trait du Jutland.

Le chiffre annuel des naissances de poulains de cette race est de 30 000 environ, et l'on exporte, principalement en Allemagne, 20.000 sujets par an.

Il se trouve en Jutland déjà *150 sociétés d'élevage* de chevaux possédant plus de 200 étalons.

Ces étalons coûtent en moyenne 11.000 francs, dont l'Etat donne la moitié en cinq ans (au maximum 5.500 francs).

L'Etat dépense annuellement de ce chef 140.000 francs.

Voyons, ce qui nous intéresse aujourd'hui, comment cette population chevaline importante est encouragée, comment elle est dirigée.

Des concours de chevaux ont lieu depuis 1795 et sont actuellement très nombreux.

Des concours de l'Etat ont lieu chaque année pour les étalons de quatre ans et au-dessus, à raison d'un concours par département.

Dans ces concours, les prix varient de 140 à 700 francs. Les étalons de quatre à six ans sont jugés exclusivement sur leur type, tandis que les étalons de sept à douze ans sont jugés d'après l'état de leur production de deux ans, exposée dans le concours.

Doivent être exposés au concours 12 o/o de la progéniture des juments saillies par l'étalon trois ans auparavant. Il faut présenter, au minimum, huit descendants, pour que l'étalon puisse être primé.

Le Jury se compose de *trois* membres. Le président est nommé par le Ministère de l'Agriculture, les deux autres membres par le Conseil général, sur la proposition des sociétés agricoles.

Ces sociétés agricoles, très nombreuses, font chaque année

un concours d'animaux reproducteurs pour les étalons de deux
et trois ans, ainsi que pour les juments de tout âge. Le montant
des prix, qui varie de 14 à 140 francs, est fourni moitié par
l'Etat, moitié par la société qui organise le concours.

Le Jury est élu par les sociétés et se compose de cultivateurs
et d'anciens éleveurs. Enfin, les *sociétés coopératives* font tenir
chaque année un concours (Wanderansstellung) pour les étalons
et juments de deux à trois ans, et, tous les cinq ans, un concours
général pour les étalons et juments de tout âge.

Comme complément à ces encouragements, les sociétés agricoles coopératives du Danemark publient, avec l'aide d'une
subvention de l'Etat, un *stud-book* pour les chevaux de race
Jutlandaise, dont le premier volume a paru en 1886 ; il est rédigé
par les « Consultens » de l'Etat pour l'élevage du cheval. Les
meilleurs étalons primés, âgés de quatre ans et au-dessus, y sont
admis, de même que les meilleures juments primées de trois
ans et au-dessus ; on y admet chaque année environ 40 étalons
et 300 juments. Ce stud-book renferme actuellement 436 étalons et 4.097 juments.

En résumé, nous voyons dans ce petit pays, un des mieux
organisés du monde au point de vue syndical et coopératif,
tous les reproducteurs de l'espèce chevaline récompensés, et à
tous les âges. Nous y voyons également : de nombreuses sociétés
d'élevage qui paient des étalons sur le pied de 11.000 fr. en
moyenne ; l'Etat, qui, au lieu d'acheter lui-même des chevaux,
donne une partie de la valeur de ces animaux à ceux qui les
emploient dans l'intérêt général ; enfin cette clause, pour les
étalons d'âge qui veulent être primés, d'être accompagnés de
leurs descendants, afin que l'on puisse juger leur production et
voir si elle doit être encouragée.

Toute cette organisation paraît très étudiée et faite par des
gens pratiques.

Allemagne

L'élevage du cheval de trait se fait plus ou moins intensive-
ment dans toute les provinces de Prusse et districts allemands.
Mais il n'y a de syndicats d'éleveurs en vue de la sélection et
de la direction à donner à l'élevage, que dans les provinces

rhénanes, l'Alsace-Lorraine, la partie nord du Schleswig, les provinces de Saxe et le pays de Bade. L'Etat, de son côté, entretient des stations de chevaux de trait en Poméranie, Silésie, Saxe, Schleswig-Holstein, Westphalie, Hesse, Mecklembourg, Strelitz, Brunswich, Gotha, Auhelt et Alsace-Lorraine.

L'élevage est encouragé par la création de stations de monte, l'inspection officielle des étalons et juments par les sociétés d'élevage, la tenue de stud-books, la formation de syndicats pour l'acquisition d'étalons, l'importation d'animaux reproducteurs.

Cette importation est de provenance allemande, c'est-à-dire des provinces rhénanes et du Schleswig, notamment, ou de provenance belge, française, anglaise, danoise, autrichienne (Prinzgau).

Comme concours, il faut mettre en première ligne l'Exposition annuelle de la Société d'agriculture allemande. Cette exposition comprend, avec les chevaux, tout ce qui regarde l'agriculture ; elle se tient chaque année dans une des grandes villes de l'Empire : en 1905 à Munich, en 1904 à Dantzig, en 1903 à Hanovre. Dans ces concours, les prix distribués proviennent d'une part de l'Etat, d'autre part des sociétés provinciales et locales.

En parcourant le programme de l'Exposition de la Société d'agriculture allemande, nous voyons qu'il ressemble à celui de nos grands concours. Mais il nous a paru intéressant de vous en montrer quelques clauses très différentes.

Les Jurys se composent des *experts* et des *juges*. Les experts inspectent les animaux et les classent dans la section qu'ils doivent occuper ; les juges, eux, dans chaque section, désignent, dans leur ordre, les animaux pour l'attribution des primes. Chaque groupe de jurés doit être de trois, dont, autant que possible, un membre de la Société d'agriculture allemande. Toute réclamation contre la décision des juges doit être faite par écrit, en même temps qu'un versement de 62 francs.

Il y a trois sortes de prix : prix *de classes*, prix *d'honneur*, *championnats*. Les prix de classes sont payés en argent (4 prix). Les prix d'honneur peuvent être en argent ou simplement en objets d'art.

Il est également attribué un prix pour le plus *bel ensemble*.

Il est délivré à chaque exposant, ayant un des trois premiers prix, un album avec 3o, 15, 10 photographies d'animaux, suivant son rang.

Les exposants sont, du reste, tenus de laisser photographier les animaux primés dans chaque classe ; ils reçoivent un exemplaire de la photographie, mais paient pour chaque cheval 15 francs.

Pendant la durée du concours, il y a tous les jours, à trois heures, une présentation d'ensemble. Une amende de 1 fr. 25 est donnée à tout animal qui n'a point été amené.

Chaque cheval paie un droit d'entrée pour la classe dans laquelle il est inscrit, exception faite pour les classes du « prix de bandes » et du « prix de famille ».

Dans le droit d'entrée sont comprises l'eau et la litière. Le prix des boxes pour les membres de la Société est de 62 francs ; pour les non sociétaires il s'élève à 93 francs.

Le prix des stalles est de 26 francs pour les sociétaires et de 40 francs pour les autres exposants.

Enfin, la Société assure contre l'incendie, dans l'enceinte du concours, les étalons jusqu'à 4.5oo francs, les juments jusqu'à 2.5oo francs, les poulains et poneys jusqu'à 1.25o francs. Si un éleveur désire une assurance plus élevée, il en paie le supplément à la Société.

En dehors de cette grande exposition, d'autres récompenses sont encores données en prix et en primes de conservation, soit dans les concours principaux et locaux, soit dans les inspections ou expertises.

Nous allons passer rapidement en revue les particularités que nous avons remarquées à ce sujet dans les différents états ou provinces d'Empire.

En Poméranie, le conducteur d'étalons est obligé de tenir un registre des juments couvertes et de le présenter pour toucher sa prime.

Lors de la première marque, les étalons paient un droit de 25 francs, l'année suivante 10 francs, et ensuite 4 fr. 5o.

Tout propriétaire qui est reconnu avoir fait saillir sa jument

par un étalon non approuvé, est passible d'une amende de
1 fr. 25 à 7 fr. 50.

Dans les provinces d'Empire (Saxe), les étalons de trait
doivent avoir trois ans au 1er avril pour pouvoir faire la
saillie, les autres quatre ans. Dans chaque district, il y a une
commission d'inspection qui opère du 1er novembre au
1er février.

La Direction de l'Agriculture organise des concours de
districts, des expositions locales d'animaux, des présentations
de juments et des prix d'écurie.

Le pays est divisé en quatre districts de concours : les
chevaux à « sang froid », puis les « shires », les « clydesdales »
et les « belges ».

On n'a pas le droit de vendre des bêtes primées avant un an,
à dater du concours. On doit présenter à celui-ci les animaux
importés.

Dans le Schleswig-Holstein, l'étalon (ou la jument) qui a
obtenu un prix dans un des cinq concours de districts, doit rester
dans le pays. S'il l'a quitté après un an, il rembourse le prix
en entier ; après deux ans, la moitié ; après trois ans, le quart.

L'Association des éleveurs du Schleswig, à Frédérickstadt,
comprend 23 syndicats. Le stud-book date de 1900.

En Hanovre, celui qui fait saillir une jument avec un cheval
non approuvé est passible de 37 francs d'amende, et le propriétaire de la jument de 18 francs.

La Commission des concours est composée d'un membre de
la Société royale d'agriculture, du directeur du haras de Celle
et d'un membre de la société locale d'élevage.

En Westphalie, la Commission de la production des chevaux
est composée du directeur des haras, d'un éleveur important,
d'un vétérinaire, et, pour les régions du cheval d'armes, d'un
officier de cavalerie.

Il n'y a de prix dans les concours que pour les juments et
pouliches, mais les étalons peuvent recevoir des primes lors
des expertises.

En Hesse-Nassau, l'élevage de trait augmente dans des proportions considérables. Il y avait, en 1900, 73 étalons de trait
au haras de Dillenbourg, contre 3 en 1885.

Dans les provinces Rhénanes, les ordonnances de 1894 et 1898 portent qu'il y aura des concours provinciaux, locaux et de districts, où les primes se répartiront entre : 1º les pouliches de un à deux ans ; 2º les pouliches de trois ans saillies ; 3º les juments de quatre ans et au-dessus, suitées ou saillies ; 4º les prix de famille (juments avec trois descendants, juments avec deux descendants, étalons avec six descendants) ; 5º les prix pour étalons autorisés.

Le propriétaire du cheval qui a obtenu le premier prix dans tous les concours de districts reçoit, au concours provincial, une prime d'honneur de 250 francs, à condition de conserver son étalon pendant un an dans le pays et de ne point lui faire couvrir de juments étrangères.

De plus, au concours provincial, où sont seuls admis les étalons ayant obtenu un premier prix dans les concours de districts, un prix de championnat, d'une valeur de 1.800 francs, est institué. Le vainqueur doit être conservé trois ans à la saillie et reçoit sa prime par tiers.

En Bavière, les primes supérieures ne peuvent être données, dans les concours, qu'aux étalons s'étant montrés bons reproducteurs. Un cheval de quatre ans doit avoir sailli au moins 30 juments, un cheval de trois ans, au moins 20 juments.

Dans le royaume de Saxe, il y a, comme partout aujourd'hui en Allemagne, deux genres de stud-books : un registre d'élevage où sont inscrits tous les reproducteurs et leurs produits, et le livre généalogique, où sont inscrits les reproducteurs capables d'améliorer la race.

En Wurtemberg, les étalons ne peuvent concourir que s'ils ont payé patente, et si, à cinq ans, ils ont couvert 35 juments ; au dessous de cet âge, il faut qu'ils couvrent 25 juments.

Dans le grand duché de Bade, l'État n'a pas de haras ; il rembourse la moitié ou le tiers du prix d'acquisition des étalons qu'il approuve. En 1898, il y avait 98 étalons ainsi subventionnés.

La Commission d'expertise est composée d'un membre du Conseil d'agriculture, d'un vétérinaire et de deux éleveurs.

Enfin, en Alsace-Lorraine, l'élevage est dirigé, comme en

France, par l'Administration des haras, et son organisation se rapproche beaucoup de la nôtre.

Les étalons sont divisés en trois catégories :

1º Les étalons se trouvant au haras de Strasbourg ;

2º Les étalons approuvés. Ceux-ci sont achetés par l'Administration des haras et revendus en adjudication publique à des particuliers tenus de les livrer à la reproduction. Ils touchent une prime annuelle, à la condition qu'ils saillissent un minimum de 30 juments, dont ils doivent avoir au moins 19 poulains.

3º Les étalons auxquels il est simplement délivré une carte les *autorisant* à saillir ; ces étalons n'ont droit à aucune pension.

Tous les ans, une commission, présidée par le directeur des haras de Strasbourg, inspecte tous les étalons.

Le même directeur, accompagné d'une commission, achète, tous les ans, un lot de pouliches ardennaises qui sont revendues aux éleveurs. Ces pouliches doivent être livrées à la production jusqu'à l'âge de dix ans révolus, et leur progéniture féminine a les mêmes obligations.

Afin de rendre la surveillance facile, on force ces animaux à être inscrits à un stud-book tenu au haras de Strasbourg.

Chaque année, une commission, présidée également par le directeur des haras, attribue des primes aux juments suitées et aux animaux de un, deux et trois ans.

Dans l'Alsace-Lorraine, la somme distribuée annuellement s'élève à environ 25,000 francs.

Il se dégage de l'étude que nous avons faite de toutes les organisations hippiques allemandes, dont nous n'avons pu donner que quelques aperçus originaux, un grand élan vers la production du cheval de trait. Ce mouvement d'opinion est tellement important depuis 1900, que l'Administration des haras est obligée de le suivre. Aussi voit-on l'Etat augmenter considérablement, dans toutes les contrées que nous avons citées, le nombre de ses étalons de trait.

A côté de l'Administration des haras, un grand nombre de syndicats ou associations d'élevage se créent, soit pour l'achat d'étalons en commun, soit pour suivre une direction unique et arriver à un élevage rationnel.

Enfin, on attribue des primes de conservation non-seulement aux étalons, mais surtout aux juments. Ces primes sont données dans les grands concours de la Société d'agriculture allemande, ou dans les multiples concours provinciaux et locaux. Elles sont distribuées également par les commissions d'inspections ou d'expertises qui parcourent toutes les provinces. Ces commissions sont généralement présidées par un membre de l'Administration des haras.

En un mot, les pays allemands, qui ne font que commencer l'élevage intensif du cheval de trait, s'organisent pour marcher à pas de géants dans quelques années et, d'importateurs qu'ils sont aujourd'hui, devenir exportateurs.

Belgique

Les encouragements à la production du cheval de trait belge sont nombreux. Sans entrer dans tous les détails de leur organisation, qui est assez compliquée, nous allons essayer de vous en montrer les grandes lignes.

Deux idées maîtresses dirigent les sacrifices très importants que l'État, les budgets provinciaux et les sociétés locales font pour le cheval de trait.

C'est d'abord l'*expertise*, c'est-à-dire l'élimination de tout étalon, qui par son modèle, son origine, ou tout autre cause, que la Commission d'expertise juge sans appel, peut nuire au but, au modèle-type que l'on poursuit actuellement dans la race.

Ensuite ce sont les *primes d'entretien et de conservation* destinées à conserver dans le pays l'élite des reproducteurs, tant mâles que femelles.

La Commission d'expertise, qui est la cheville ouvrière de toute cette organisation, est composée de cinq membres, dont le cinquième est désigné par le ministre de l'Agriculture ; parmi les quatre autres membres, se trouve un vétérinaire.

Ils sont choisis par la députation permanente et la Commission provinciale d'agriculture ; leur mandat est de quatre ans, et un tirage au sort détermine leur ordre de sortie.

Le membre sortant ne pourra être nommé de nouveau que

l'année suivante, exception faite pour le président, qui est désigné par la députation permanente.

Les décisions de la Commission sont sans appel.

La députation permanente détermine la circonscription des expertises, leurs époques et les localités où les concours doivent se tenir. Ce sont dans ces derniers que doivent être distribuées les primes.

L'article 1er du règlement de l'expertise est ainsi libellé :

« Peuvent seuls être employés, à la saillie des juments d'autrui, les étalons prenant trois ans au moins, chez lesquels une commission d'expertise a reconnu les qualités propres à améliorer la race à laquelle ils appartiennent. Tout étalon admis est immédiatement inscrit au stud-book de sa race, sauf opposition du propriétaire. »

Quant aux primes, elles sont de trois sortes :

a) Primes de concours pouvant être obtenues dans chaque circonscription ;

b) Primes provinciales de concours ;

c) Primes de conservation.

En fait, toutes ces primes sont des primes de conservation empêchant l'exode des bons chevaux. Mais puisqu'on ne désigne dans le règlement, comme primes de conservation, que celles de cette dernière catégorie, nous appellerons les autres, pour la clarté de notre étude, primes d'entretien.

Voici l'importance de ces primes :

I. — ÉTALONS

a) *Primes de concours ou de circonscription*

1º Une 1re prime, 200 fr., méd. argent. . . |
Une 2e prime, 150 fr., méd. bronze. . . } 2 ans.
Trois 3es primes, 75 fr., méd. bronze . . |

2º Une 1re prime, 400 fr., méd. argent. . . |
Une 2e prime, 300 fr., méd. bronze. . . |
Une prime supplémentaire, 150 fr., méd. } 3 ans.
bronze . . . . |

3º Une 1re prime, 550 fr., méd. argent. . . |
Une 2e prime, 400 fr., méd. bronze. . . |
Une prime supplémentaire, 150 fr., méd. } 4 ans et au-dessus.
bronze . . . . |

b) Primes provinciales de concours

Une 1re prime, 900 fr., méd. vermeil . . } 4 ans et au-dessus, ayant obtenu une 1re
Une 2e prime, 700 fr., méd. argent. . . } ou 2e prime dans un concours de circons-cription de la province.

c) Primes de conservation

1° Une 1re prime, 700 francs . . . . . . à tout étalon ayant eu soit une 1re prime de concours dans les 4 ans et au-dessus, soit une prime provinciale.

Une 2e prime, 100 francs . . . . . . en supplément pour tout étalon ayant obtenu la prime provinciale après un 1er prix de concours.

2° 500 francs. . . . . à tout étalon ayant obtenu au moins deux fois une 2e prime de concours dans les 4 ans et au-dessus.

3° 6,000 francs, en cinq ans. . . . . . à un étalon de mérite exceptionnel auquel a été attribuée une prime ordinaire de conservation obtenue après une 1re prime de concours.

4° 600 francs ou 800 francs. . . . . . . à l'étalon qui, après avoir touché 6,000 fr. en cinq ans, restera méritant.

Toutes les primes annuelles sont décernées dans les réunions de la Commission d'expertise. Les primes de conservation de 6,000 fr. sont données au concours spécial pour les primes provinciales.

De plus, ces différentes primes ne sont payées qu'à l'expertise de l'année suivante et sur la présentation du livret de saillie constatant que les étalons ont fait la monte pendant six mois au moins et ont servi 3o juments en dehors de l'écurie de leur propriétaire.

La prime de conservation ne peut être cumulée la même année avec l'une des primes provinciales. Annuellement, il ne peut être décerné par province plus de trois primes nouvelles de 6,000 fr.

II. — POULICHES ET JUMENTS

a) *Primes de concours*

1° Une 1re prime, 100 fr., méd. argent. . .⎫
 Une 2e prime, 75 fr., méd. bronze . . .⎬ 2 ans.
 Quatre 3es primes, 5o fr., méd. bronze. .⎭

2° Une 1re prime, 3oo fr., méd. argent. . .⎫
  (Cette prime ne peut être décernée ⎪
   qu'une fois à la même jument). ⎬ Poulinières.
 Une 2e prime, 2oo fr., méd. bronze. . .⎪
 Trois 3e primes, 100 fr., méd. bronze. .⎭

b) *Primes de conservation*

1,000 francs, en quatre ans . . . . . ⎰ à toute jument de 5 ans et plus qui, une année antérieure, a obtenu une 1re prime de concours.

Pour obtenir le paiement de ces différentes primes, il faut présenter ses juments au concours suivant où elles seront examinées par la Commission qui constatera si elles ont conservé leurs qualités de bonnes reproductrices.

Les frais de toute cette organisation de primes sont payés jusqu'à concurrence de 40 % par les provinces et de 6o % par l'Etat.

En dehors des concours provinciaux locaux ou de circonscription, se tient chaque année, à Bruxelles, un grand concours organisé par la Société « Le cheval de trait belge. »

Ce concours est remarquable tant par son organisation que par le nombre de chevaux de trait exposés (747 en 1904) et le montant des primes 37.775 francs.

C'est actuellement la grande exposition annuelle de la race belge.

C'est un grand marché-réclame où les exhibitions se suivent pendant trois jours. Le premier jour est consacré aux étalons, le second aux juments, le troisième au défilé des animaux primés, aux prix de bandes, de raceurs, de championnats. Les Belges excellent dans ces présentations d'ensemble, que les Américains et les Allemands imitent actuellement.

Ces bandes de chevaux, ces pères et mères suivies de leurs descendants, ces champions excités, poussés, acclamés par leurs partisans, mettent de l'animation dans ces réunions, qui ne ressemblent en rien à nos concours officiels, si froids en général, où le public n'est attiré par aucune exhibition.

Bien des clauses originales seraient à noter, pour nous, dans ce grand concours, comme celle qui fait une retenue de 10 o/o sur le montant des primes de tout animal qui n'est point inscrit au stud-book de la « Société du cheval de trait belge. ».

A retenir également la composition des jurys dont les membres ne sont jamais plus de trois, nommés exclusivement par la société qui organise le concours. Aussi les jurés sont-ils toujours compétents et ne touchent en rien à la politique, si néfaste pour nous, dans tout ce qui est concours.

La race de trait belge, quoique d'origine très composite est, incontestablement, celle qui a fait dans ces dernières années le plus de progrès. Dans ce petit pays pratique, la devise est « l'union fait la force ». Aussi, dès que l'on s'aperçut qu'avec le développement de l'industrie, le cheval de trait était le cheval d'avenir, tous les éleveurs se mirent au cheval agricole, bien que pour certains ce fût l'abandon de leurs goûts personnels.

Aussi voyons-nous, à la tête de la Société du cheval de trait belge, le comte de Mérode Westerlé comme président, le chevalier Hynderick comme secrétaire, le comte Carl van der Straten comme trésorier.

Nous y rencontrons ensuite, comme membres de la Commission exécutive, des éleveurs comme MM. Jules Hazard, Bléclet, Emmanuel Dumont, Ph. Lippens, H. Meens, ou des représentants libéraux comme MM. Clément Peten, Jules Massart, des bourgmestres comme M. Léopold Hanoteau, etc., etc.

Ayant tous le même but, les Belges ont pu donner une direction unique à leur élevage, non seulement par les concours, mais surtout par une réglementation identique dans toutes les provinces au sujet de l'expertise et de l'attribution des primes d'entretien ou de conservation.

Angleterre

Dans le Royaume-Uni, l'Etat et les comtés ne donnent aucun subside pour l'élevage du cheval de trait.

Les différentes sociétés agricoles et hippiques offrent des prix, des médailles, des coupes pour les concours, qui sont nombreux.

Mais dans *aucun* d'eux n'existent de primes de conservation ; on cherche, au contraire, à faire le plus d'exportation possible.

Nous avons d'abord le grand concours de la Société royale d'Angleterre qui parcourt tout le royaume en faisant chaque année un concours de tout l'ensemble de la production agricole du royaume, comme le fait également la Société d'agriculture allemande. Là, toutes les races de chevaux sont représentées. Nous avons vu un de ces concours, il y a quelque dix ans, à Manchester, et ce qui nous a frappé en lui, ce sont les parades de chevaux, qui étaient organisées chaque après-midi ; on y admirait des chevaux attelés et montés, suivant qu'ils étaient d'une race d'attelage ou de selle.

Quant aux concours de races, qui sont très importants et qui se font généralement dans les environs de Londres, nous examinerons, si vous le voulez bien, le concours de la race Shire (la race de trait la plus en vogue pour le moment en Angleterre) ; ceux des races Clydesdale et Suffolk ont la même organisation, à quelques détails près.

La Société du cheval Shire fut constituée en juillet 1878. Elle a pour but : 1º d'améliorer et d'encourager l'élevage du Shire, ou vieil élevage anglais de chevaux de trait, et de répandre dans le pays des reproducteurs sains et vigoureux ; 2º de sauvegarder et encourager les intérêts généraux des éleveurs et propriétaires de Shire ou anciens chevaux de trait anglais.

Pour arriver à ce but, la Société, qui compte à présent plus de 3.800 membres, a réuni et publié 27 volumes du stud-book du cheval Shire, contenant les pedigrees de 23.884 étalons et 49.998 juments; elle a tenu, sans compter le concours de 1905, 26 concours annuels, dans lesquels elle a donné des prix représentant une valeur de 27.000 livres ou 675.000 francs. Dans les dernières 14 années, elle a donné aux concours de province 377 médailles d'or (chacune rachetable au gré du gagnant pour la somme de *10 livres sterling* ou *250 francs* et, depuis 1895, dès que fut émis le projet de donner des médailles d'argent aux petits concours de province, elle en a accordé 1.612.

De plus, en vue d'encourager l'élevage de lourds chevaux de trait pour la traction dans les villes, la Société du cheval Shire offrit en 1905 les primes et médailles suivantes : A la parade des chevaux de trait à Londres, à Régent's Park, le lundi de la Pentecôte, 35 primes de 1 £ ou 35 médailles d'argent furent offertes pour les meilleurs chevaux attelés seuls ; 10 primes de 1 £ ou 10 médailles d'argent pour les meilleurs chevaux en paires, et 5 primes de 1 £ ou 5 médailles d'argent pour les meilleurs attelages, indépendamment de l'élevage.

Aux parades de chevaux tenues dans 21 villes du centre, principalement le lundi de la Pentecôte, 53 médailles et 22 primes de 1 £ furent offertes pour les meilleurs lourds chevaux, les médailles étant allouées suivant l'importance du concours.

En vue d'encourager l'élevage du cheval Shire à l'étranger, 2 médailles d'or, d'une valeur de 10 £ ou 250 francs l'une, furent décernées au meilleur étalon et à la meilleure jument de race Shire au concours de 1905.

Ce concours s'est tenu cette année au « Royal Agricultural Hall », à Islington, le 27 février et les trois jours suivants.

Le premier et le deuxième jour sont consacrés à l'examen et au classement des animaux ; les opérations se terminent par le prix de championnat et le défilé de tous les chevaux. Troisième journée, vente des étalons de 9 h. 1/2 à 1 h. 1/2. Un défilé des animaux primés et recommandés commence à 2 h. 1/2.

Dans les ventes, un minimum est fixé pour que l'on n'introduise point de chevaux inférieurs : Pour les poulains et pouliches de 1 an, il est de 25 guinées ; pour les juments de

2 ans et plus, de 5o guinées ; pour les étalons de 2 ans et plus, de 5o guinées.

Quatrième journée, vente aux enchères des juments et pouliches et des chevaux hongres.

Le total des prix du concours est de 2,180 livres ou 54,500 fr., donnés par la Société.

La Société offre également une coupe d'une valeur de 100 gui. nées ou 2,600 francs pour le meilleur étalon du concours, et une autre coupe de 5o guinées ou 1,3oo francs pour la meilleure jument ou pouliche. L'une ou l'autre coupe doit être gagnée deux fois par l'exposant avant d'être touchée, c'est-à-dire que, une fois gagnée dans un premier concours, il faut que son titulaire soit de nouveau vainqueur pour l'obtenir définitivement.

Trois autres coupes sont offertes par la Société pour les étalons et trois pour les juments. Des médailles d'or, chacune de la valeur de 15 guinées ou 260 francs, sont données aux éleveurs des champions.

Dans chacune des quatorze classes du concours, les éleveurs de chevaux primés reçoivent : 1º pour l'animal qui a eu un premier prix, 10 livres ou 250 francs ; 2º pour tous les autres gagnants, 5 livres ou 125 francs.

Dans les trois classes pour chevaux hongres, les éleveurs des animaux ayant les premières et deuxièmes primes reçoivent 5 livres ou 125 francs.

La somme totale des prix réservés aux éleveurs s'élève à 63o livres ou 15,75o francs.

Les juges n'ont jamais plus de *25 chevaux à examiner* dans toutes les classes ; ils sont au nombre de deux. Ils tirent au sort avant le commencement des opérations pour savoir quels seront les deux juges qui prendront la première classe dans chaque section.

Dans le cas de divergence entre deux juges, un troisième est pris comme arbitre.

Voici l'état comparatif des engagements dans les diverses classes du Concours pendant les cinq années 1902-1906 :

	1902	1903	1904	1905	1906
Étalons de 1 an	74	55	68	66	60
— 2 ans	127	90	121	89	70
— 3 ans	120	82	121	96	77
— 4 ans	50	50	59	41	49
Étalons ayant plus de 4 ans et moins de 10	28	27	36	29	26
Étalons ayant plus de 4 ans, mais moins de 10, de 16 « mains » et plus	65	44	51	61	43
Étalons de 10 ans et au-dessus	12	14	25	7	17
Pouliches de 1 an	61	62	78	57	74
Juments de 2 ans	89	77	75	54	45
— 3 ans	59	51	65	47	31
— 4 ans	35	25	37	21	18
Juments ayant plus de 4 ans et moins de 10 ans	38	24	18	28	15
Juments de plus de 4 ans, ayant 16 « mains » et moins de 16.2	29	26	42	25	23
Juments de 4 ans et au-dessus	32	29	36	28	24
Hongres de 3 ans	13	6	10	12	10
— 4 ans	14	7	11	6	6
— 5 ans et au-dessus	14	11	9	14	5
	860	680	862	681	593

États-Unis d'Amérique

Aux États-Unis, la plupart des élevages de trait se trouvent dans un rayon de 500 milles autour de Chicago. On rencontre cependant encore de nombreux chevaux de trait dans les États du Kansas, de Nebraska, des deux Dakota, dans certaines contrées du Nord-Ouest, du Kentucky et de Virginie.

L'Etat ne prend aucune direction dans l'élevage des chevaux ; il se contente simplement de relever les certificats d'animaux importés, pure question de douane. En dehors de cette statistique, il laisse libres toutes les associations particulières dans la direction qu'elles croient devoir donner aux races qu'elles représentent.

Chaque race de trait a sa société ou syndicat d'élevage qui tient son livre généalogique.

Il se forme de nombreuses associations entre éleveurs (breaders) ou fermiers pour acheter des étalons en commun (Horse

Company) formant des sociétés par actions (Stocks Company). C'est avec ce système que les chevaux sont vendus le plus cher possible ; on voit ainsi des animaux atteindre couramment le prix de 5.000 dollars.

Les concours ont été créés quand le commerce de chevaux importa, il y a 30 ans environ, des chevaux percherons. Ils peuvent se diviser en deux catégories : les concours des états ou provinces, et le concours annuel de Chicago.

Dans les premiers, les prix sont moins importants, mais, dans tous, les règlements sont à peu près semblables.

Les réunions se font généralement en septembre et octobre. On se rend surtout au concours pour faire de la réclame ; les prix sont pour les Américains un accessoire ; aussi, ne sont-ils point, en général, très élevés : de 50 à 500 dollars au plus, les médailles d'or de 50 à 100 dollars. Ils sont donnés par les associations (Breeders Association) dont la principale est l'Association des chevaux de trait des États-Unis.

.Les sociétés de chaque race donnent également des prix ; mais elles exigent alors que l'animal primé soit inscrit dans leur stud-book.

En un mot, c'est l'initiative privée seule que dirige élevages et concours. Tout est libre dans ces derniers, engagements et provenances des animaux; ce sont de vrais marchés-réclame, où l'on peut amener et vendre ce que l'on veut.

Certains animaux sont cependant, comme en France, préparés spécialement pour suivre les concours de l'année, et ils ne sont à vendre à nul prix; ils servent de réclame à l'élevage qui les possède.

Des catégories, comme chez nous, sont faites pour les différents âges ; ainsi les 1, 2 et 3 ans concourent séparément, les 4 ans et au-dessus concourent ensemblent. Il y a dans chaque catégorie, d'une part les juments et les pouliches, d'autre part les étalons.

Toutes les races ont des catégories différentes. Un championnat est institué dans chaque espèce mais non entre toutes les races. Il paraît que ce championnat général, qui existait autrefois, suscitait tellement de jalousies, qu'on dut le supprimer.

Dans chaque race, le championnat se fait, d'un côté entre toutes les juments, de l'autre entre tous les étalons ayant les premiers prix dans chaque catégorie.

Au Concours international de Chicago, une catégorie existe pour les chevaux hongres de toutes races et de tout âge. Il y a un championnat pour le meilleur lot de quatre chevaux, de six chevaux et de huit chevaux. Les jurys sont choisis parmi les candidats présentés soit par les sociétés d'agriculture des Etats, soit par les associations d'éleveurs ou les sociétés de races. C'est le directeur qui choisit parmi les candidats proposés par les sociétés de races et de stud-books. On se paie aussi le luxe d'un juge unique que l'on rémunère grassement et que l'on fait parfois venir d'Angleterre ou d'Ecosse.

C'est le système suivi en Grande-Bretagne où un seul juge opère dans toutes les catégories d'une même race, mais est obligé de consigner, dans un rapport, ses explications sur l'obtention de chaque prix. Les jurés changent chaque année.

Les règlements étant établis par des sociétés qui n'ont qu'un but, faire du commerce, ils en ont l'élasticité et se modifient souvent. L'année dernière on fit des prix pour les raceurs, soit pour le meilleur étalon suivi de quatre descendants, soit pour la meilleure jument accompagnée de deux descendants, etc... Les jurys demandent d'abord aux chevaux de la taille, ensuite du pied et des membres sains, un dos rectiligne et enfin un corps épais. La couleur ne compte pas.

Les stud-books aux Etats-Unis jouent un très grand rôle dans les sociétés ou associations d'élevage ; ils sont contrôlés très sévèrement par les intéressés dans chaque race, mais nullement par l'Etat qui, nous l'avons dit, ne s'en occupe d'aucune façon.

En résumé, liberté sous toutes ses formes ; grande prospérité !

Conclusion

Messieurs, comme conclusion, nous voyons partout à l'étranger un élan considérable vers l'élevage du cheval de trait.

Tout le monde comprend aujourd'hui que c'est le cheval de

l'avenir, celui que la vapeur, l'électricité ne détrôneront point, celui qui manque dans tous les pays neufs : c'étaient hier les Etats-Unis, ce seront demain l'Amérique du Sud, le centre de l'Afrique, l'Asie ; partout où l'industrie s'implante, de lourds chevaux sont nécessaires pour aller de l'usine à la gare. Il faut donc que le cheval de trait suive les ingénieurs, les industriels.

Si un pays neuf peut d'un jour à l'autre, avec des capitaux, se passer de notre vieux continent et même l'inonder des produits de son sol ou de son industrie, il ne peut créer des races d'animaux et surtout le cheval de trait, qui a besoin de nos climats septentrionaux, de nos terrains phosphatés pour arriver à tout son développement.

Soyons donc prêts de plus en plus à exporter, et, pour contenter nos clients, conservons la qualité de nos chevaux, ayons des livres généalogiques bien tenus qui donnent toutes les garanties d'origine voulues.

Puis ayons tous les ans un grand *Concours-Réclame* dans notre merveilleux Paris, concours, qui, avec une publicité bien faite, attirera sûrement un grand nombre d'étrangers qui admireront nos races et les répandront dans le monde entier.

ERRATA

Page 101, à la troisième ligne avant la dernière, au lieu de : « arrivée à un haut degré de civilisation », lire : « *arrivée à un moins haut degré de civilisation* que l'espèce humaine. »

Page 102, à la fin de la communication de M. Viseur, une faute typographique est restée inaperçue. Il faut lire : « *verba et voces* », au lieu de : « berba et voces ».

Page 106, 13e ligne, au lieu de : « je ne veux que du bien à la race boulonnaise », lire : « *je n'ai en vue que la race boulonnaise.* »

Page 106, 1re ligne du dernier alinéa, au lieu de : « En ce qui concerne le cheval de selle », lire : « *En ce qui concerne le cheval de trait.* »

I. Composition moyenne des Denrées.

DENRÉES	EAU	CENDRES	CELLULOSE	MATIÈRES AZOTÉES — ALBUMINOÏDES	MATIÈRES AZOTÉES — non ALBUMINOÏDES	MATIÈRES AZOTÉES — TOTALES	GRAISSE	MATIÈRES non AZOTÉES	DONT SUCRE	CELLULOSE DIGESTIBLE	MATIÈRES AZOTÉES — ALBUMINOÏDES digestibles	MATIÈRES AZOTÉES — TOTALES digestibles	GRAISSE DIGESTIBLE ×2.4	MATIÈRES NON AZOTÉES sucre (et matières azotées non albuminoïdes des aliments mélassés) DIGESTIBLES	NOMBRE d'unités nutritives par 100 kilogrammes d'aliments. 10+11+12+13+14	CELLULOSE, MATIÈRES AZOTÉES totales, matières non azotées et sucre digestibles ×1.1	GRAISSE DIGESTIBLE ×9.3	NOMBRE de calories par 100 kilogr. d'aliments 16+17	RELATION NUTRITIVE } 12 ou ... / 10+13...
	(1)	(2)	(3)	(4)	(5)	(6)	(7)	(8)	(9)	(10)	(11)	(12)	(13)	(14)	(15)	(16)	(17)	(18)	(19)
	p. 100.	p. 100.	p. 100.	p. 100.	p. 100.	p. 100.	p. 100.	p. 100.	p. 100.	p. 100.	p. 100.	p. 100.	p. 100.	p. 100.	unités.	calories.	calories.	calories.	
				PRINCIPES NUTRITIFS BRUTS.						PRINCIPES NUTRITIFS DIGESTIBLES.									
Avoine	13.66	3.40	10.43	8.95	1.29	10.24	4.64	57.63	»	3.302	»	6.743	7.507	37,390	54,942	194,484	29,090	223,574	1/7,
Féverole	12.09	4.18	6.97	»	»	25.23	1.31	50.22	»	2.543	»	18.953	0.005	36,138	57,639	236,299	0,019	236,318	1/2,0
Maïs	14.18	1.33	3.01	8.44	0.88	9.32	4.01	68.15	»	1.407	»	5.667	5.743	58,879	66,696	249,907	22,255	272,112	1/10
Orge	11.58	3.06	6.77	»	»	10.57	1.91	66.11	»	2.653	•	6.694	2.914	47,579	59,840	233,897	10,390	243,787	1/7,9
Pois chiche de l'Inde . .	9.34	3.98	10.26	»	»	18.75	2.84	53.83	»	3.744	»	14.085	0.014	38,736	56,579	231,917	0,056	231,973	1/3,
Caroube	14.66	2.65	10.07	»	»	4.53	0.37	67.72	33.06	7.852	»	3.058	0.490	64,300	75,700	308,361	1,897	310,258	1/23
Cossettes sèches de betteraves non épuisées . . .	11.34	4.72	4.05	2.44	3.17	5.61	0.38	73.93	55.68	1.728	1.523	»	0.341	65,281	68,873	280,981	1,321	282,302	1/44
Paille d'avoine	14.99	5.73	30.79	2.32	0.67	2.99	1.63	43.87	»	11.463	»	0.811	0.178	14,635	27,087	110,327	0,688	111,015	1/32
Paille de blé	15.42	6.64	28.94	»	»	3.12	1.05	44.83	»	10.401	»	0.607	0.113	12,239	23,360	95,313	0,437	95,750	1/37
Foin	14.10	6.90	22.69	5.57	1.25	6.82	1.68	47.81	»	8.444	»	2.868	0.274	21,907	33,490	136,186	1,060	137,246	1/10
Son de blé	11.70	5.42	10.65	»	»	14.84	3.80	53.59	»	2.663	»	12.169	6.658	41,264	62,754	229,994	25,798	255,792	1/4,
Farine de riz	10.74	7.17	7.48	»	»	11.99	8.65	53.97	»	1.945	»	7.794	17.647	45,335	72,721	225,803	68,383	294,186	1/8,
Remoulage de fèves . . .	10.13	4.25	11.95	»	»	28.44	2.08	43.15	»	4.361	»	21.364	0.007	31,043	56,775	232,749	0,065	232,814	1/1,
Tourteau d'orge et de maïs	13.51	7.59	10.03	15.89	3.75	19.64	5.59	42.74	»	3.760	»	13.334	4.843	25,644	47,581	175,226	18,767	193,993	1/2,
Granules de la Compagnie générale des voitures . .	11.97	5.22	10.88	17.38	3.29	20.67	5.65	45.61	»	4.997	»	12.447	5.908	28,762	52,204	189,445	23,241	212,686	1/3,
Drèche sèche de distillerie (maïs par le malt ou maltine)	6.43	6.45	6.64	19.97	6.95	26.92	9.75	43.81	»	2.857	»	16.384	14.016	35,841	69,098	225,836	54,312	280,148	1/3,
Mélasse-tourbe	24.91	8.10	4.33	1.68	6.43	8.11	0.34	54.21	37.02	1.070	1.058	»	0.324	47,524	49,976	203,573	1,256	204,829	1/46
Pain mélassé	20.29	9.38	12.51	5.60	3.24	8.84	0.52	48.46	23.64	4.472	3.790	»	0.679	40,362	49,303	199,358	2,632	201,990	1/11
Paille mélassée	19.70	6.95	12.87	1.00	6.20	7.20	0.49	52.79	25.75	3.867	0.685	»	0.511	47,452	52,515	213,216	1,981	215,197	1/73
Marc de raisin mélassé . .	12.98	10.30	17.35	7.44	2.61	10.05	3.15	46.17	17.82	6.411	2.418	»	3.874	36,736	49,439	186,816	15,010	201,826	1/15

Laboratoire de recherches de la Compagnie générale des Voitures. Juin 1906. **L. GRANDEAU & A. ALEKAN.**

II. Table de substitutions dressée d'après les unités nutritives

POUR 100 DE	CAROUBES	FARINE de riz	MALTINE	COSSETTES sèches de betteraves	MAÏS	RIZINE et maïzine	SON DE BLÉ et recoupette	ORGE	FÉVEROLE	REMOULAGE de fèves	POIS chiches	AVOINE	PAILMEL	GRANULES	MÉLASSE-TOURBE	MARC mélassé	PAIN mélassé	TOURTEAU	FOIN	PAILLE d'avoine	PAILLE de blé
Caroubes	**100**	104.096	109.553	109.911	113.499	114.525	120.628	126.503	131.333	133.331	134.794	137.780	144.148	145.008	151.471	153.116	153.538	159.095	226.035	279.452	324.034
Farine de riz	96.066	**100**	105.213	105.588	109.031	110.020	115.883	121.526	126.167	123.086	128.531	132.360	138.478	139.302	145.513	147.093	147.498	152.836	217.142	268.472	311.307
Maltine	91.279	95.018	**100**	100.327	103.001	104.538	110.109	115.471	119.980	121.701	122.127	125.765	131.578	132.361	138.262	139.761	140.149	145.221	206.321	255.095	295.796
Cossettes sèches de betteraves	90.083	94.703	99.677	**100**	103.268	104.202	109.753	115.099	119.491	121.312	121.733	125.360	131.154	131.933	137.817	139.314	139.697	144.753	205.659	251.273	294.842
Maïs	88.106	91.715	96.529	96.833	**100**	100.904	106.281	111.457	115.713	117.473	117.881	121.393	127.004	127.760	133.456	134.905	135.277	140.172	199.151	246.227	285.513
Rizine et maïzine	87.313	90.880	95.654	95.967	99.100	**100**	105.324	110.453	114.671	116.416	116.820	120.306	125.860	126.610	132.254	133.691	134.058	138.910	197.358	244.011	282.942
Son de blé et recoupte	82.898	86.294	90.818	91.115	94.089	94.940	**100**	104.869	108.874	110.530	110.914	114.218	119.497	120.203	125.568	126.932	127.281	131.888	187.380	231.674	268.637
Orge	79.049	82.287	86.601	86.884	89.720	90.531	95.355	**100**	103.818	105.397	105.763	108.914	113.948	114.627	119.737	121.037	121.370	125.763	178.679	220.916	256.162
Féverole	76.141	79.261	83.417	83.689	86.422	87.203	91.849	96.323	**100**	101.522	101.875	104.910	109.758	110.412	115.534	116.585	116.908	121.139	172.110	212.791	246.745
Remoulage de fèves	75.000	78.072	82.166	82.434	85.125	85.895	90.472	94.878	98.501	**100**	100.346	103.336	108.112	108.756	113.603	114.838	115.155	119.322	169.528	209.602	243.043
Pois chiches	74.741	77.803	81.882	82.149	84.831	85.598	90.159	94.550	98.161	99.654	**100**	102.979	107.739	108.380	113.212	114.442	114.757	118.910	168.942	208.877	212.201
Avoine	72.579	75.552	79.513	79.773	82.377	83.122	87.551	91.815	95.321	96.771	97.107	**100**	104.622	105.245	109.937	111.131	111.437	115.470	164.055	202.835	235.197
Pailmel	69.372	72.214	76.000	76.249	78.738	79.450	83.683	87.759	91.110	92.496	92.721	95.583	**100**	100.595	105.080	106.221	106.514	110.369	156.807	193.874	224.808
Granules	68.962	71.786	75.550	75.797	78.271	78.979	82.187	87.239	90.570	91.948	92.267	95.017	99.408	**100**	104.458	105.592	105.883	109.715	155.878	192.726	223.475
Mélasse-tourbe	66.019	68.723	72.326	72.562	74.931	75.609	79.637	83.516	86.705	88.024	88.329	90.961	95.165	95.732	**100**	101.086	101.384	105.033	149.226	184.501	213.938
Marc mélassé	65.309	67.984	71.548	71.782	74.125	74.796	78.781	82.618	85.773	87.077	87.380	89.984	94.142	94.703	98.725	**100**	100.274	103.903	147.622	182.517	211.637
Pain mélassé	65.120	67.797	71.352	71.585	73.922	74.590	78.565	82.391	85.537	86.838	87.140	89.736	93.884	94.443	98.653	99.725	**100**	103.618	147.216	182.016	211.056
Tourteau	62.855	65.430	68.860	69.085	71.340	74.985	75.821	79.514	82.550	83.806	84.094	86.602	90.605	91.144	95.208	96.242	96.507	**100**	142.075	175.659	203.685
Foin	44.240	46.053	40.467	44.626	50.213	50.667	53.367	55.966	58.103	58.987	59.192	60.955	63.772	64.152	67.012	67.740	67.927	70.385	**100**	123.639	143.365
Paille d'avoine	35.782	37.248	39.201	39.320	40.613	40.980	43.164	45.266	46.994	47.709	47.875	49.301	51.580	51.887	54.200	54.789	54.939	56.928	80.881	**100**	115.955
Paille de blé	30.859	32.123	32.807	33.917	35.025	35.341	37.224	39.037	40.528	41.145	41.287	42.518	44.482	44.748	46.742	47.250	47.380	49.094	69.752	86.240	**100**

Laboratoire de recherches de la Compagnie générale des Voitures. Juin 1906. **L. GRANDEAU & A. ALEKAN.**

DÉSACIDIFIÉ à SABLE
1992